How should one live twenty-first Century

21 世纪
人们应该如何居住

养老孟司 × 隈研吾 著

山东人民出版社
国家一级出版社 全国百佳图书出版单位

图书在版编目（CIP）数据

21世纪人们应该如何居住 /（日)养老孟司，(日）隈研吾著；胡以男译．— 济南 ：山东人民出版社，2016.3

ISBN 978-7-209-08848-0

Ⅰ．①21… Ⅱ．①养… ②隈… ③胡… Ⅲ．① 住宅-文化-研究-日本 Ⅳ．①TU241

中国版本图书馆CIP数据核字(2015)第054953号

21 世纪人们应该如何居住
（日）养老孟司 （日）隈研吾 著 胡以男 译

主管部门 山东出版传媒股份有限公司
出版发行 山东人民出版社
社　　址 济南市胜利大街39号
邮　　编 250001
电　　话 总编室（0531）82098914
　　　　 市场部（0531）82098027
网　　址 http://www.sd-book.com.cn
印　　装 山东临沂新华印刷物流集团
经　　销 新华书店

规　　格 32开（148mm×210mm）
印　　张 6.5
字　　数 190千字
版　　次 2016年3月第1版
印　　次 2016年3月第1次
ISBN 978-7-209-08848-0
定　　价 28.00元

如有印装质量问题，请与出版社总编室联系调换。

前言 | 养老孟司

与隈研吾先生初次相遇我想是在两国的国技馆吧，并非去看相扑比赛。有个什么活动，宽敞的房间里摆放着许多张桌子，每张桌子四周都坐着几个人在互相谈着话。似乎就是这样一个筹划活动。

除了我和隈先生之外，还有谁和我们同桌，实在抱歉，我记不住了。在那里谈了些什么也没有记忆，总之我只记得隈先生在场。过了 70 岁，人生的一些事就会如此健忘。这倒是件值得庆幸的事。

人的缘分真是个奇怪的东西，从那以后总觉得与隈先生很投缘。后来，奇怪的是，在纽约街头我们又不期而遇。我不由地问了一句：“你在这地方干什么呢？”虽然这种问法不妥。

我本来就不喜欢二战以来的美国，若无紧要的事儿我不去那，是不想去。大概是因为女儿在圣地亚哥留学，妻子说去看她时想顺便去趟纽约，没有办法，所以就去了。隈先生当然一定是有工作才去的。“你在这地方干什么呢？”被问的本来应该是我。

我记得过了不久，隈先生的著作《负建筑》一书出版，不知为什么，此书打动了我的心，所以我随意写了书评。不过写了些什么也记不得了。可是，隈先生的想法很有趣，书出版后我都会读一读。我经常这样想，虽然我们职业不同，但思考的事情相似。

隈先生是我中学和高中时的学弟，在某个年龄段接受了相似的奇妙的教育，而且我们在对虚伪的反应上有相似之处吧。有时我也这么想。关于这点将在隈先生的后记里详述。

虽与此无关，也有其他相同的例子，那便是已去世的阿部谨也先生。他最后担任的是一桥大学校长一职。读了他的著作也是不由感到心动。以后得知阿部先生也是在天主教的宿舍里度过了青春时代。他在自传里写到将来打算做主教。阿部先生对“社会”这一对象非常重视，与我持同样的关心态度。

天主教的世界我不甚了解。我以前一直认为，日本基督教徒不少是因为在某处与社会冲突。某处是哪里说不清楚，真令人着急。

后来，接触隈先生作品的机会多了起来。佳作甚多。我不喜欢浇灌混凝土这单一的作业，那虽然没什么不好，但并不是我特别想看的。如果只用混凝土制作什么，核电站的建筑物就足够了。话虽这么说，但四角四棱的建筑物总看不顺眼。我不打算像高迪那么说，来点曲线，但总得有点什么才好吧。

在这方面隈先生的作品甚佳。根津美术馆是妻子带我去的。参观之后才发觉是隈先生的作品，去的时候倒是忘记了。使用了那么多的竹子，果然是隈先生的风格。

接到银座蒂凡尼总店的邀请去看了一下，有许多酷似城里人的人们在排队。我感到有些胆怯，进去后看到隈先生在里面，便松了口气。他是一位敏感、创作现代作品的人，但本人看上去却像一位凡夫俗子，这便是我松口气的理由。商店的建筑物虽是座普通的楼房，可各种材料的说明让人听得饶有兴趣。详情我也记不得了。竹子姑且不论，还谈到了喷气客机的机体材料啦、四川的石头啦，让人觉得他是一位热衷于奇特东西的人。

在《日经商务在线》对谈的结果，便成了这本书。我觉得很有意思，即便只是对谈、只是听他说，也是很不错的。我不想说什么道理。聊天建造不起楼房，也抓不住昆虫。这些就是隈先生所说的亲身感受吧。总之，现在“说的人”在增加，孩提时代经常被大人说：“那么想说，就说说看。”那时代真令人怀念。

我认为建筑是件麻烦事，自己一点儿也不想干。就连自己的房子，也从未提出这样那样的要求，全部是妻子干的。我之所以有那么多的建筑师朋友，也许是因为我很敬重能解决麻烦事的人吧。

作为我个人只能说请你用身体去品味隈先生所说的话吧。置身于建筑物之中才能真正体验到。

2011 年 12 月 31 日

目录

第 1 章 | “想方设法”的智慧

对海啸毫无防备的建筑行业

隈研吾（以下简称“隈”）：东日本大地震时，养老先生您在何处呢?

养老孟司（以下简称“养老”）：正好回到镰仓自己的家里。秘书经常写博客，“砰”的一声微机的电源断掉了。啊，断电了！话刚一出口接着就晃动起来呀。在镰仓是先停电，后地震的。

我想这下震得可不轻，到外面一看，阿圆（养老家的爱猫）

走了过来，一下子倒在我的脚下。猫也被地震搞得头晕目眩啊。

隈：镰仓也同样晃动得很厉害吧。

养老：晃动了呀。妻子过后对我说，你的第一句话就是“这是核电站被炸了吗”。我虽记不太清楚了，但也许是潜在意识使我相当在意吧。

隈先生震灾时在什么地方呢？

隈：我在台湾。当时正在与东京事务所的职员通电话。最初只是说“地震了”，随后电话那头职员的声音逐渐亢奋起来，一会儿就变了声调，我觉得这可非同一般。大约 1 小时后，台湾新闻也在不断报道，这才知道发生大事了。

回到日本是两天以后了。东北有几处我设计的建筑，担心不知会怎样了。因为我设计的建筑假如在地震中倒塌，会影响到建筑师的社会信誉。10 多年前，在宫城县石卷市的北上川岸边，我设计了“北上川运河交流馆”，还有再往北的登米市，设计了“森舞台／传统艺能传承馆”。特别是北上川运河交流馆位于接近北上川入海口处，而且特意压埋在北上川的堤坝下，所处是被海啸完全淹没的位置。

养老：那幢建筑物不要紧吧？

隈：震灾两周后好不容易打通了电话，得知没有出现问题，3 周后我进入现场。地面全部液状化了，建筑物四周的人行道支离破碎。但建筑物本身却奇迹般地没有进水，没有损坏。海啸涌到建筑物后面很近的地方，建筑物就高出那么一点儿，所以得以保全。也许只是运气好吧。

养老：听说海啸逆流而上北上川 50 公里。

隈：3 周后看到现场时，由于周围地面整体下沉，河的水位升高了 1 米。河的水位仅仅升高 1 米，景色就完全发生变化，变得面目全非了。就像在村上春树《1Q84》的小说中，主人翁来到月球的两个世界那样，我感觉来到了另一个世界，身体不寒而栗。

养老：在 2004 年发生的苏门答腊海域地震中，遭受了很严重的海啸灾难吧。那 1 年前的同一时期，我正巧在普吉岛啊。如果提前 1 年，一定会遭遇海啸，后果将不堪设想。真没想到那样的海啸会袭击日本。

据京都大学校长地震学家尾池和夫先生讲，有关苏门答腊海域地震的研究，对于推测日本将要发生大地震起到了作用。形状相同的列岛会发生相同的现象，这是因为列岛是由板块组成的。把地图旋转 90 度，比较一下日本列岛与巽他群岛就会明白。（参照尾池和夫著，岩波科学丛书《日本列岛大地震》第 4 章）

在建筑行业，考虑过有关海啸的对策吗？

隈：令人吃惊的是，对海啸毫无防备。在日本建筑学会，耐震设计得到广泛研究，是世界一流水平，但关于海啸的事情连部门会议都没开过。思考一下这是很奇怪的啊，过后大家都这么说。

要说为什么会有那样的空白呢，因为无法预测海啸会有几米高，不知它从何方而来，怎样流动。即使知道海啸会来不也是什么都没准备吗？这种毫无防备的状态真是令人吃惊。在无意识之中，在你所能控制与无法控制的东西之间，只能想象去画一条线。不是正如养老先生在畅销书《傻瓜的围墙》中所写的那样吗?

养老：也许日本人都这么认为。不过，建筑学会不是明治建会以来持续了一百几十年的学会吗？而且，在这一百几十年中，关东大地震时也发生过海啸，秘鲁海域地震时也有海啸袭来，奥尻岛地震也遭受了严重的海啸灾难。日本并非没有海啸的经验啊。

隈：在建筑学会里，分部门举行了多次会议，仔细地研究些让人觉得无聊的事情，有关重要的海啸事宜根本没有进行研究。这次许多悲剧都是由海啸造成的，所以我想总得想点什么办法吧。

　　的确，日本是海啸风险最高的国家，但身边的日本建筑学会却因海啸不可预测而视为“没有”的话，那人类的大脑，特别是搞理科的人的大脑，包括我自己也许只能考虑自己力所能及的事了。

养老：这与说核电站绝不会发生事故的心理状态一样。理科是在有前提的条件下使用逻辑，所以理科的人讨厌随意改动前提。因此，如果提出改变前提的问题时，就会被说成“外行”。所以对建筑来说，海啸等于“没有”吧。但是，据说恐龙灭绝时发生的海啸高达 1000 米啊。如果将此作为前提，那根本就没有什么建筑标准可言了。我会立刻就把这话拿到那种蛮不讲理的地方去说（笑）。

隈：现实中关于 5 米和 10 米高的海啸，应该有可能进行充分研究吧。

养老：关于为什么没有考虑海啸对策呢？海啸频率似乎也是一个理由吧。人一生只遭遇一次海啸啦，东日本大地震级的海啸千年只有一次啦。在建筑行业，是把多远的未来计算在内进行设计的呢？

隈：说实话，时间观念上也是迟钝地令人吃惊。关东大地震级的地震时隔 60 ～ 70 年发生一次，所以抗御那种地震的设计标准已经制定。不过，以此标准建造的建筑物经过几十年发生劣化时，是否具有与当初相同的抗震性能，这谁都没有考虑。我认为在此种意义上，日本人仍然是“得过且过”的。

养老：我十分赞同你说的“得过且过”。

隈：总之，对建筑来说，重要的是在当时设定的预算内，建造符合现在的建筑标准法的建筑物，这就是没有变动的必要条件。比如，按照建筑标准法以每坪 100 万日元设计好的话，谁都不会有怨言。那幢建筑物 50 年后是否切实保持着构造强度，谁都不会考虑。那是因为大家认为自己已经不存在了。建筑物完工后，在竣工仪式上干完杯就结束了，不会考虑以后的事情（笑）。科学与技术似乎以永恒的真理为对手，说实话，我觉得是得过且过、临时应付的。

“国家百年大计”成为死语

养老：现在的日本也许是临时应付，但是在江户时代，思考问题的时间轴更长吧。轻津的人们经过三代人的努力，在海岸上建造了防沙林。从德川家康开始的利根川治水也是经过三代人吧。为何说那种时间感觉是可能的，我认为那是因为有“家族制度”。所谓的家是超越个人而存在的。并且，在日本，家的概念渗透于普通老百姓级别，一直持续到昭和时代。虽有封建制度带来的弊害，但是家族制度在此种意义上是能够承受长期时间轴的软件啊。如果在欧洲那就是贵族了吧。在贵族院就长期事物进行辩论。我想在日本本来应该是参议院起这种作用的。

隈：从长远观点来看，这是当今日本最为欠缺的。比如，通过选举当选的参议院议员，在任期中所考虑的是下次选举的事情吧。议员考虑事情的时间轴再长也就是 6 年。官员们的职务几乎 2 ～ 3 年进行轮换。即使有长远考虑的官员，也至多到自己的退休年龄。他们的实际退休年龄一般在 50 岁左右，所以无论怎样长远考虑，也就是 20 年左右的时间。日本上层几乎没有人以更长时间轴进行考虑。

养老：在建筑业界里，从金字塔到高迪应该有历经几代终于使之完成的想法吧。

隈：日本的行政体系必须用 1 年的时间来消化预算，所以，现在一切与建筑有关的事都是以年为单位。以当年年度预算为前提来决定建筑物的规模，因此没有任何人以国家百年大计来考虑建筑物。建筑设计也必须在当年年度里完成，所以任务非常紧迫。欧洲的计划则是经过深思熟虑完成设计的。

养老：你知道在日本为何以年度划分吗？我问过一些人，听说是受年贡的影响。因为大米的收成每年不同，所以预算必须以年度划分。明治维新以后，不知为何仍然保留下来年贡时代的制度。

隈：这是民间的东西。我现在正在制订重建东京歌舞伎剧场的计划。此计划反映出与众不同的长远观点。为何这么说，这是因为由于具有歌舞伎特殊时间感觉的传统演艺的存在，所以时间流逝的方式不同。普通的民间企业，经理会在自己的任期内做些什么，大体是 3 ~ 6 年。但是，只有歌舞伎在保持着时间感觉，与刚才养老先生谈到家族制度一样，有历代的堂号、第十几代的姓氏等。就歌舞伎剧场建筑物本身，这次重建已经是第 5 次了。去现场后谈的都是第 5 次与第 4 次有何不同、第 3 次是什么样子等。在那里自己也不知不觉地考虑“上一次”“大上一次”，真令人吃惊。

养老：那已经是很少见的光景了呀。现在奈良药师寺的东塔好像正在全部拆卸修理，参加修理的宫廷木匠同样也是以长期的时间轴来继承技术的。

隈：宫廷木匠的世界里，有在他们的集团中继承下来的独特的规矩和逻辑。这些人们能在日本顽强地残留下来是值得骄傲的事。可实际上在宫廷木匠的世界里，材料的切割很多时候也都用上了计算机。一般的木匠基本上只是组装全部在工厂加工好的材料，变成了任何人都能马上参与的体系。与在工厂干活没什么不同。

养老：木匠正在远离建筑施工现场吗?

隈：虽然人在现场，但是工作内容接近工厂的工人。说起日本的木匠，他们以前不断出入客户家十分了解他们的生活特点，所以能听取住户的要求，他们既做设计也做售后服务。但现在不是这样，做完后都结束了。他们的存在只是施工时一次性的，施工前后都与住户没有关系。

从前的木匠从设计开始听取住户要求、画好图纸等等，这些活儿全部自己来做，责任感很强。所以如果在地震中房子毁掉了，他们会感到抱歉的。但是现在的木匠，只承包组装的活儿，没有责任感。假如要承担责任的话，也只是承担很少的一部分。我们现在所处的体系迷失了连续时间这最重要的东西，这种不负责任的心理状态是可以理解的啊。这种情况完全可以用于原子能发电和灾害对策的问题上。

养老：相信核电站“绝对安全”、认为海啸“不会发生”的危险性在这次震灾中得到了充分认识。但是，从另一方面让我感到，这种危险性直到发生前也很难显露出迹象。不管是天灾也好、人祸也好，人类通过用大脑思考来控制那些灾害的发生，实际上有可能达到相当大的范围。但是，其达到的范围越大，那失败时的损坏也就越大。在超越用大脑思考临界的瞬间，悲剧一下子就发生了。人类社会对此真的能忍受得住吗？这种担心油然而生。

松懈使安全标准提高

隈：东日本大地震后，很多人就东北的重建谈了自己的看法。但是，今后如果东京发生了地震怎么办？这一话题则议论得很少。这让我感到非常不可思议。养老先生居住的镰仓离海岸很近，当然会有海啸的危险吧。以前海啸就到过镰仓长谷的大佛附近。

养老：据说在 1498 年的明应地震中，海啸涌至大佛的脚下。

隈：海啸的危险在整个日本到处都有。现在，大家的头脑中装满了东北的画面，其他地域的事情根本不谈，这很不正常。

养老：不过，让我吃惊的是，尽管地震那么强烈，东京地区死的人却非常少。在市中心，年久失修的九段会馆的天花板落下造成两人死亡，但除此之外，没有建筑物倒塌造成大量人员受伤或死亡。我觉得日本的建筑真了不起啊。

隈：关于建筑，那是因为把晃动都计算在范围内了。这很重要。在建筑工程上，日本人不会偷工减料，这是事实。在中国四川的地震中，很多没有使用钢筋的建筑物倒塌，在当地“豆腐渣工程”这一词汇成为流行语。日本的综合建筑公司会理所当然、实实在在地放入钢筋来建造的。

养老：在 2005 年轰动一时的伪造抗震强度的事件中，K 建筑公司成了议论的话题吧。听说某个设计公司的人，在十几年以前曾和 K 建筑公司的现场监工一起去看了地方公共团体机关的某个施工现场，当时 K 建筑公司的现场监工自言自语道：“钢筋是这么放入的啊。”设计公司的人听后觉得那人说话很奇怪。

隈：这是黑色幽默，但建筑的构造计算基本上是按 3 倍的安全率来评价的。当然，这也是为了抗震。在施工阶段也有人采取不正当手段偷工减料，所以风险也随之增大。建筑行业就是这么一个松懈的世界。因为是在你不了解的陌生的大地上建造房屋，所以要说理所当然就应该理所当然。与汽车的安全标准相比较，建筑的安全标准被设定得非常高。

养老：那么，K 建筑公司那样的伪造，实际上没……

隈：不，听说伪造的超出 3 倍的安全率好多，太危险了（笑）。

养老：我想问问隈先生，直下型地震和这次发生在远处的地震晃动传来的缓慢的晃动类型，对建筑物的破坏完全不同吗？

隈：建筑物的固有振动、地面的固有振动与地震波的振动数这三个相关的条件决定损坏程度。这栋建筑物虽经不起直下型震动，可抗得住远处而来的震动，根据不同条件可想象各种组合。走不走运全凭建筑物而定。正如我刚才所说，现在日本的构造设计方法，不管如何组合，运气如何不好，也是按高抗震性，提高安全率来设定的。这次震灾就证明了日本构造设计法安全率的看法是正确的。

养老：地震时，在东京从外面看到超高层大楼的人们说“好可怕啊”。听说在神田看到大手町的 J A（农协）大楼与日本经济报社的大楼晃动的要与相邻的大楼碰上啊。

限：超高层大楼虽然晃动，但是不会倒塌。东北也发生了火灾，但没有遭受海啸的建筑物出乎意料地保存了下来。如果只是建造抗震的建筑物，日本人最为擅长。

养老：东京近郊受害最为严重的不是建筑物本身，而是前面谈到的液化状的土地问题吧。所谓住宅，不只是建筑物构成的，也包含土地本身的素性和形状，这些如果不好，那整个生活都会毁掉。这在阪神淡路岛大地震时深刻感受到了。因为受害的都是平地，像六甲那样的山脚下毫发无损。

限：所谓液状化问题，就是处于建筑与土木这一纵向世界分界线上的问题。所以，老实说，搞土木的人，搞建筑的人，对于液状化谁都感觉不到负有责任。搞土木的人，建造大桥啦，填埋土地啦，描绘巨大蓝图。分割好用地后才是搞建筑的人的工作。搞建筑的人虽然也画建筑图纸，但他们其实也不十分清楚图纸与建筑地面的关系。搞土木的人也搞不太懂分界线。与海啸一样，对液状化问题也是没有标示。结果土木、建筑都在大地这一陌生、原始的自然面前显得苍白无力。毋庸置疑的事实再次得到确认。

养老：海啸也好，液状化也好，在建筑界没有标示的地方有很多吧。纵向的分界线没有标示被搁置一旁，这仅限于日本的建筑界吗？

隈：这不仅限于日本吧。说起来这是现代高科技的宿命。比如，假如是在达·芬奇一个人描绘建筑图画、也修改土木规划图的时代，在其过程中所发生的问题是靠个人的想象力来弥补的。但是，现代高科技的分工是最基本的，所以无论怎样都会产生分界线。

养老：虽然每个领域都专业化了，但彼此之间都存在漏洞吧。

隈：是的。而且有关这个漏洞，说是谁都不用承担责任。这次在液状化问题上，就没听说有谁承担责任。大家都会认为那是没有办法的。因此，最后只好以“运气不好”作罢。

养老：可是，那也对啊。“运气不好”嘛。只是，问题是谁的运气不好。是想在液状化的地方建造住宅的家伙吗？还是先前整理那块地的家伙，或者是买了那块地的家伙？那是谁的运气不好呢?

土地被买方研究透了可不妙

隈：刚才谈到的兵库县的六甲也好，东京的山手也好，过去的人们非常看重土地。所以有钱人都居住在安全的地方。可现在呢，人造陆地也花巨资买来高高兴兴地搬入居住。这是因为房地产开发商隐瞒根本上的危险性，销售土地和建筑物。土地被买方仔细研究透了可不妙，所以以次充好实施欺骗。

但是，不管怎么以次充好，土地一旦被发现不好，那绝对卖不掉了。话虽这么说，现在只能在条件不好的地方找到土地，所以在那里修建高级住宅风格的道路和种植林荫树，又把某建筑师叫来搞设计，巧妙进行梳妆打扮，把重要的地方隐藏起来进行销售，把买方蒙在鼓里进行暗箱操作。所谓的住宅专家一类的人，对重要的土地不怎么给予建议，只谈一些表面之词，什么还是灰浆的房子好啊，这是用天然材料建造的，保护环境啦等等。说到底，房地产开发商、住宅专家都处在某种共存共荣的关系上，所以没有人会把土地的事说明白。

养老：过去的老翁老妪也会说："住在河边上要是发水可怎么办啊。"现在地方公共团体的确要把握好这些事啊。可地方公共团体的职员也是外来人员。镰仓便是一个典型。一个有统一性的团体，以某种方式生活的话，一定会清楚地告诉大家住在什么样的地方危险。在岩手县宫古市重茂的姊吉地区，有一块昭和三陆大海啸时建造的石碑，石碑上刻有"不要在此处以下建造房屋"的字。遵守此传说的村落在这次的海啸中幸免于难。

阪神大地震时，我一直担任东京大学出版学会的理事长。那时，有一本名叫《日本的活断层》的书，重印了大概800册吧，立即销售一空（笑）。据说大家由此发现，建筑有关人士和政府有关人士以前并没有搞清楚活断层的位置。因为买书的几乎都是综合建筑公司啊。

隈：实际上，由于与活断层的距离和土地的性质不同，地震波的传递也会发生多种变化。但是，现在的法律体系是全国统一的建筑基准法啊。与地面的软硬程度无关，用一样的法规来决定安全的做法一直持续至今。明治以来过了 150 年，相同的方式依然没有改变。想一想这也是不可思议的。

养老：日本位于地球的 4 个板块碰撞的位置，活火山的数量有 180 座，活断层约有 2000 处之多。不管是在活断层的正上方，还是地面安定之处，都使用同样的基准实在荒谬。如果真的处在活断层正上方，那建筑基准法还有什么用啊。

隈：以此震灾为契机，想对所谈之事展开讨论，找到现实的着陆点。但是，震灾后马上讨论的话，一定会过激的。比如，把市区全部改建成高地啦，这样会容易偏向设法搞统一的方向，对此我感到了具有危险性。关东大地震后的异常心理，把日本人驱赶上太平洋战争的战场，这在养老先生与池田青彦先生（早稻田大学教授、生物学评论家）的对谈中提到了，的的确确现在也是如此，震灾后的一种特别的心理正在偏向极端。我们原本就居住在非常不安定的国土上。正因为如此，我们只能磨炼“想方设法”的技法。

养老：说是在高地上建造市区，那高地也有别的问题吧。

隈：高地上有泥石流等其他风险，新造高地也要花费成本。但是在重建讨论中，并没有探讨高地地面如何、处在什么位置上，感觉说的只是高地是安全的。而且，说起如果有泥石流的危险，那就做防沙堤。结果，纳税人要背负起巨大风险。眼睛只盯着沿海受灾地区，所以现在宣传说高地是理想的解决办法。还有的主意是要清理干净瓦砾，在那里植树造林。树林需要维护，用谁的钱、谁来做呢？

养老：建筑法规也是如此，受灾地区的重建千篇一律，真是奇怪。

隈：从地面、地震波与建筑物的振动数的相关关系来计算，有的地方也可以使用再细一点儿的柱子建筑房屋。这些地方如果能把建筑物的柱子做得细一点儿，节省资源和能源的建筑便成为可能。相反，有的地方必须要加粗柱子。

养老：这样的计算麻烦吗？

隈：一点儿也不难。超高层大楼等特别的建筑物，有规定必须要通过“建筑评定”程序，那需要各种周密的计算。但是，不需要评定的建筑物基准全都一样，计算机立即就能计算好，而且根本不需要地面性质与建筑固有的振动数等因素。可是，即使是很普通的小建筑，输入那些因素进行计算，按现在的技术水平再简单不过了。取消那些毫无意义、千篇一律的基准，在每处土地上进行精确计算，“想方设法”这一方法现在很有可能实行。

养老：“想方设法”的姿态是非常重要的。

隈：用“想方设法”来踏实地搞重建，并在其过程中学会使用新科学、新技术，一步一步得到加强。用这种方法论把危险的地方实实在在地建成居住舒适之地。

养老：2011 年的 12 号台风给和歌山和奈良深山里带来了严重的塌方灾害，有 100 多人死亡。那场台风经过的地方是杉树和桧树林。和歌山和奈良的十津川一带地势非常险要，山的形状在日本其他地方难得一见。比如，箱根附近的山呈伞形，那是日本常见的山型。北阿尔卑斯的坡度已经很陡了，那基本上也是伞形。但是从纪伊半岛穿过四国的中央山地连接九州的中央构造线的峡谷非常陡峭。山上生长着树木不容易觉察到，如果没有树木就会看得很清楚。峡谷的棱线像美国科罗拉多大峡谷那样险峻，斜面非常陡峭。12 号台风的时候，整个斜面滑坡了。为何滑坡呢，是因为日本人在那个斜面上按规矩全部种上了杉树和桧树。宽叶树树根扎得很深，但杉树的根很浅。漫山遍野种的都是杉树和桧树，一旦滑起坡来，整个山坡全部一滑到底。

隈：种植杉树和桧树造林的结果，使塌方更容易了呀。

养老：原本地形陡峭的地方，发生某种程度的塌方是不可避免的。但是，如果每隔多少米能保留些天然树林，也许受害就不会那么严重了。未能“想方设法”啊。

我认为和歌山县的人与高知县的人精神构造方面有某些相似之处。不管植树造林还是干什么，给人的印象是都要彻底完成。

隈：战后的森林和原野行政管理把树木全部改种成杉树。再次给全国带来了同样的影响。

养老：是的。所以说没办法就是没办法啊。战争中毁坏了那么多房子。战后全国都在不停地建造房屋，所以木材不够用啊。因为没有钱，就全部使用日本的森林，森林使用光了，以后还必须种树。因此全部种上了生长周期快的杉树和桧树。但是，由于 1970 年的石油危机造成美国景气衰退，日本撤消了关税，国外的木材一下子进来了。这样一来，木材的价格降低了三分之二。再以后呢，众所周知，林业用 40 年的时间毁灭了。一年年轮回，和台风造成的塌方有关，结局就是偿还战争的欠账啊。

核电站问题、土建问题都是战争的欠账

隈：说实话，我真实感受到现在很多地方都有战争的欠账。核电站问题当然也是如此。为了在战败后的日本各地建立稳定的电网，电力公司独占利权，捞取好处。而且，成立了绝不会让电力公司受到亏损的电力行政，并一直延续至今。这

甚至与震灾时的核电站事故有密切关系。

养老：日本在战后建立既得利益区域来振兴产业，整顿了资本主义国家的城市基础设施。原封不动保留下来的半个世纪前的旧体系从内部崩溃了，这就是核电站事故吧。这种体系的转换时期是相当难的。

因此，我感兴趣的是东京的超高层大楼。今后还会继续建造那样高的大楼吗？这种做法何时改变呢？

隈：日本的房地产开发商只要不编造与超高层有关的硕大计划、不制造话题就无法做生意。是个不会“想方设法”的行业。

比如，建造新的楼房，让旧楼里的承租者入住，使用各种办法来运作资金。即使有的承租者不想搬迁，但因关系到许多人情，也不得不听对方的。这样的例子有很多。还有的故意把普通的旧楼房搞得破旧不堪卖掉。如果不入住崭新的超高层大楼看起来不像一流企业的观点，也是日本式的，令人心情不爽。不让承租者转动起来，房地产开发产业就成立不了，综合建筑公司也赚不到钱。本来综合建筑公司只靠修理是赚不到钱的，所以他们不会“想方设法”。

日本的建设工程行业努力提高质量，任何事情都能圆满干好。其结果，建筑价格成为世界最高。其单价比世界标准价格高出几成，这也在楼房的租金和高级公寓的价格上反映出来。特别是关于建筑，这个国家好像是一匹身负重担参加比赛的赛马。所以，只要不编造新的硕大计划、不提高收益就赚不到钱。

养老：的确，森楼房等开发商在不断地那么干吧。那些硕大的计划震灾后还在进行吗？

隈：这是一种不得不设法活动的状态。因为综合建筑公司与房地产开发公司已成为一体。对政治家来说，建设行业现在仍然是很大的支持力量。整个行业如果不竭尽全力继续运转下去就完了，很是悲惨。

养老：这种体系是日本独特的吗？还是其他国家也有呢？

隈：其实，中国也是同样的结构。在中国，制造业很早就不挣钱了，为了维持现在的经济增长不得不依靠房地产开发商。

提高不动产价格来赚钱成为短期最高收益，推高了GDP。虽是虚构增长但是没有办法。如果引起房地产开发商和建设业的不满，政府无法生存下去，所以中国不会让房地产开发商垮掉。尽管如此，如果泡沫太大，民众爆发不满，政局就会危险。如何不使房地产开发商垮掉，继续慢慢抬高不动产价格成为中国政府的基本政策。所以，在中国，慢性泡沫也会一直持续下去的。

养老：最近一位朋友说，如果想在深圳购买高级公寓，价格已经与日本一样了。换个话题，房地产开发商和综合建筑公司的土地经济周转结构也适合东北受灾地区吗？如果适合，有无由于震灾造成土地经济周转加速的动向？

隈：还真没有房地产开发商想在受灾地区建造超高层大楼的，但是，基本上不管在日本任何地方，建设业都与政治家勾结起来，建设要永远搞下去，所以受灾地区的重建也成为整体布局吧。而且，作为转动的一个齿轮，给地面描绘大幅图画的咨询专家们亮相了。咨询被称作行政，与官员们一起作画。因为行政、咨询、政治家是三位一体的“朋友”。

养老：建筑师将会怎样呢?

隈：建筑师是只考虑建筑形状的怪人，所以不是朋友。他们被适宜地恭称为“先生”，处于圈外。但是，即使算作朋友，结果也只能画画齿轮图，所以他们并不想进入。因为这是在与自己想做事情的完全不同的地方转动的朋友圈。

养老：建筑师没进入那个圈子吗（笑）？尽管如此，在建筑领域有很怪的人啊。我所知道的人里有高山英华先生（已故），还有黑川纪章先生（已故）和藤森照信先生。

隈：高山先生是位城市工学之神般的人物，我不直接与他相识。黑川先生很古怪，藤森先生也是如此（笑）。

第 2 章 | 实现不了的原理主义的勇气

混凝土与“欺骗”相似

养老：不仅限于战后的日本，城市开发缺少“大局观念”也许是 20 世纪思考方法的特征。即便是能源问题，从俯视的角度来看，20 世纪也太过于敷衍了事了。

其实，作为经济增长的要因，资本和劳动的重要性并不高，而能源消耗量的增加与之相比则要重要得多，以此为模式来计算美国、日本和西德的经济成长完全吻合吧。在上个世纪 70 年代，最早搞这项计算的是德国的物理学家莱纳·琼梅尔啊（摘自 David Strahan 著，新潮选书《地球最后的石油危机》第 5 章。此模式被称为“LINEX 函数”）。此时的经济学还未注意到“经济增长与能源消费有关”。我想不能用太大的声音说，文科的学问靠不住啊（笑）。

隈：据说也大都从经济学方面错读环境问题数据。经济学的思考方式与自然科学的思考方式稍有不同吗?

养老：经济学的思考方式，换言之也许是以人的欲望为基准的。因此，很大程度上偏重于“想如此存在”。它的意思是说，建筑基本上重视客观性和科学性，经济因素是次要的吧。无论怎样重视经济来搞建筑，建筑物倒塌了一切皆是空谈。

隈：话虽这么说，但建筑的基本仍然是人与人之间的信赖关系。特别是混凝土成为主流的 20 世纪的建筑，基本上是用信用建成的危险世界。可是，一旦浇灌好混凝土，不知道里面有什么。即便是没有钢筋、哗哗地灌进水去的混凝土，从外面看不到什么。所以，在无法相信别人、骚乱的社会里，像前面提到的伪造抗震强度的事件层出不穷，谁都非常讨厌建筑。

混凝土那么迅速地在世界上得到普及，是因为技术上非常简单。总之，只要具有搭建简单的混凝土建筑模板的技术，在世界任何地方都可以做。但是，搭建好的东西里面隐藏着什么谁都不知道。老鼠和猫都会有。这虽是一下子在世界上普及的技术，但是完全靠信用建成的奇怪的东西。

养老：顺便问一句，20 世纪以前的方法不会发生那样的问题吗?

隈：使用石头建造，如果不把每块石头整整齐齐砌起来的话，房子根本无法建好。“砌石块”的技术保证了一定程度的水平。可是，混凝土刚一开始使用就成为完全无法保证的状态。

养老：混凝土建筑的信用性，可以说是与社会和国家的信用性连在一起的吗?

隈：没错，是连在一起的。特别是日本的木匠技术高明，能迅速搭建好混凝土建筑模板。从另一个角度说也许不好，不管建筑师如何以随意的造型来画图，日本的木匠都会立即浇灌出世界上最漂亮的混凝土来。日本有出色的工匠，把建筑师梦想的东西变为真实的形状。日本的建筑和建筑师闻名世界，多亏了丹下健三先生，还有黑川纪章先生、安藤忠雄先生和巧妙搭建混凝土建筑模板的日本的工匠们。哎呀，他们很受宠爱呀。当然，我也承蒙他们的恩惠。因此，也许忘记了造物的艰辛。

养老：用混凝土建造让人放心，消费者那里确实有这种“混凝土神话”吗？

隈：这也是反论，正因为看不到里面，不知道是什么，所以才让人联想到强度什么的。也许是感到生活有危机感啦，感到支撑无依无靠的现代小家庭的那种坚强力量吧。这种利用人们依赖什么的脆弱心理，似乎是欺骗那样的东西存在于混凝土中吧。石块和砖的垒砌方法一眼就能分辨得出，所以这是一个无法进行欺骗的世界。可是，大家都认为混凝土是完全密实的一体，不易损坏，具有高强度。其实，那里面也许破烂不堪。

养老：为什么在日本的城市建筑中不大量使用木材呢?

隈：这是关东大地震和太平洋战争的精神创伤吧。因为木造房屋易燃造成了很多人死亡。所以，国家说不燃化是以后城市规划的中心，法律上认定木造房屋难以做到不燃化。

养老：不燃化搞过了头，围棋盘状的城市规划和郊外住宅、超高层高级公寓等，我最不喜欢的风景出现在日本了。

隈：这个潮流直到 21 世纪还没有完全消失。而且，还出现了更为冠冕堂皇的辩解。比如，建造高层高级公寓的人的歪理，说什么高层高级公寓可以建造绿地，对环境有好处。

养老：是的，是说对环境有好处啊。

绞尽脑汁想出便捷型建筑的柯布西耶

隈：在 20 世纪法国有位名叫勒 · 柯布西耶的有名的建筑师

捏造歪理描绘了这样一幅图画，把巴黎全部建成高层高级公寓，建造许多绿地，想要制造一个“光辉的城市”。哎呀，他的精神的确有些不正常。

勒 · 柯布西耶被称为20世纪最杰出的建筑师，但为什么说他有名呢，是因为他使用底层架空细柱把建筑与地面分开。这种与自然不协调的做法使他闻名于世。被称为他的代表作的萨伏伊别墅就坐落在巴黎郊外，建造在原本就被绿色包围的美丽的地方。尽管如此，他特意使用底层架空使建筑物漂浮起来，又建造屋顶花园，称作与自然一体同住。

养老：不是已经有庭院了吗？为何还要那样做？

隈：就是啊。四周的绿色已让人感觉很好了。勒 · 柯布西耶说那里湿度高，所以把庭院建在上面好，这又是歪理。但是，你去了那里就会明白的，那是一派胡言（笑）。

养老：勒 · 柯布西耶为何要编造出那些歪理呢？

隈：那是因为歪理在世界任何地方都是通用的。不过，使用底层架空将建筑物离开大地，不管在任何环境中，大致都能制作出统一的建筑空间吧。在此种意义上，他是个市场营运天才，因此便闻名于世。

养老：真像是一位万能设计师啊。

隈：的确是一位万能设计师。他认为他的方法作为商品在世界上最为畅销。

养老：说到建筑的商品性，是便利店和超市那样的建筑吧。

隈：是的。所以说不管是在非洲还是在纽约，在任何地方都以相同包装通用的便利店和超市那样的建筑原型是在勒·柯布西耶时代出现的啊。可是，他所设计的萨伏伊别墅被顾客起诉了。

养老：那是为什么呢?

隈：说是居住不舒适啦，超出预算啦等等很多很多。哎呀，我想在那么美丽的大自然中建造屋顶花园是理所当然的了。于是，他搬出朋友爱因斯坦，说天才爱因斯坦赞誉这所房子造得好，来进行辩解，想要讨好顾客（笑）。即使现在也有许多建筑师用这种方法争辩，作为住户房屋被建造的稀奇古怪当然要生气了。

养老：可是，那房屋现在不是被称作杰出的作品吗？

限：要说 20 世纪的杰作、最棒的住宅，萨伏伊别墅大概会被选上的（笑）。那是象征 20 世纪不自然时代的建筑啊。

被当做时髦购买的高层高级公寓

养老：20 世纪末流行的高层高级公寓也非常不自然啊。

限：要说高层和超高层高级公寓是以何种动机购买的，那就是时髦啊。高层高级公寓增加楼层，盖得越高电梯垂直移动机能所占比例就越大，效率就会变差。

养老：超过某种高度效率反而会变差吧。

隈：经过周密计算，每块建筑用地都得出了各自最合适高度的答案。虽然从理学上能做最佳答案的计算，但这一过渡到文科市场营运世界里便成为时髦，从而得到如此结论：高层高级公寓一律是正确答案。当高处作为时髦具有了价值时，上面的楼层价格不断上升，让人感到作为生意挺红火的。

养老：于是理学的验证就被赶到一边去了啊。说到高层高级公寓，从“人口压力设计”的观点来看，是否为最佳暂姑且不论，在远离地面的高层大楼里，孩子将如何成长，这一点令人担心。

隈：有大学生在做这项研究。好像有各种影响。

养老：我认为大概在出生后不久的时间内，基本上就能形成空间认识。那种认识在居住在高层大楼与居住在接近地面的人之间有可能产生很大的不同。

震灾重建也好，城市规划也好，我考虑的最大问题是“人口压力设计”。人口增加时，怎样居住才是合理的。因此，我认为高层大楼在能源上也未必能说不利。比如说快递吧，高层高级公寓的话，放在大门口即可，所以效率很高。人集中起来，在某种情况下是有利的。因为在此种意义上，郊外的住宅，不管是人进行移动还是请人搬运东西，明显要花费运输成本。今后的时代要精确计算运输成本啊。

隈：先生，您印象中的高层是怎样的高度啊？

养老：我认为那要根据土地条件来决定最佳高度。不过那些500米的超高层计划，几乎都是疯狂的。

隈：是的……

养老：总之，关键是能源问题啊。能源问题很难解决，是扩大人们居住的地方好呢？还是集中起来好呢？无法简单做出回答。我去了北海道中标津町后得知，中标津町要将居民集中在城镇中心。因为那样公共投资花费少。然后马上又去了冈山的农村，那里给我留下了更深刻的印象。在冈山，即便是人口过疏地区，也有很早就在那里居住的人家，自来水和煤气等全部由公共投资解决。虽然中标津町财政很困难，但与像我家那样自来水自己接、没有煤气的地方相比，冈山人口过疏的地区生活要好得多啊。

隈：养老先生在镰仓的府上没有煤气吗？

养老：用的是液化气啊。因为是城市化调整区域嘛。

隈：的确如此。先生的府上是在很漂亮的外景拍摄地啊。位于建有寺庙的山脚下，细长的石板坡道，清澈的溪水流淌。初次拜访时真令我吃惊，在离车站不太远的地方，竟有如此美丽的世外桃源。的确，那地方本来就没有繁华街道啊。

养老：震灾重建也好，地域规划也好，今后在展望未来时，是集中到城市里还是向郊外扩展，如何好呢？我认为必须要好好思考一下了。

无法简单解决的“体系问题”

隈：我说过多次，是集中起来呢还是向郊外扩展呢？我认为这不是全国千篇一律的想法，而是所有地方必须考虑的问题吧。

养老：对，每个地区都有自己的特性啊。

隈：每个地方的最佳答案，仔细计算会得出的。把某一答案统一套用在各自条件不同的地区是最危险的。在某地，高层化也许是有效率的，那么在全国推广高层化则是勒·柯布西耶式的20世纪风格的思想，也就是说是落后于时代的思想。

养老先生长大的地方当然不是高层大楼吧？

养老：完全不是，是车站一带的大杂院啊。左邻右舍都互相认识，调皮孩子们全都在一起玩儿。狗走过来后也知道是谁家的。脸与主人长得很像嘛（笑）。

限先生在什么地方长大的呀？

隈：我生长的地方是横滨市的大仓山。说是郊外也许算是郊外吧，当时在大仓山我家很近的后面有一家农户，我的祖父请那农户分给我们一块地就开始住了下来。祖父在东京的大井当医生，他不喜欢城市生活，周六周日必定在大仓山干农活。我出生在昭和 29 年（1954 年），以后逐渐郊区化了。在我成长的年代，家乡的山还保留着以前的容貌。

养老：说起来，有蛇什么的吧？

隈：几个朋友家里的房顶上屋檐下都住着蛇，后山里有鹌鹑，也能捉到河蟹。因此，小学要到田园调布去上。从大仓山到田园调布乘坐东横线要 15 分钟。在这 15 分钟的路程里存在很大的差距。

养老：哦。

隈：有保留着老传统和农村面貌的城镇、新兴住宅区。而且，田园调布是在新兴住宅区里，认为自己是最时髦的人们居住的地方啊。田园调布一个朋友的家，是典型的暴发户式样，十分可笑，这个朋友很有钱但不炫耀，吝啬得令人吃惊。我观察到了许多。所以，我从小练就了一双专爱挑毛病的眼睛（笑）。

养老：在镰仓，我小的时候大房子全都没有了。关东大地震后，有许多昭和初期的大的建筑作为别墅得以重建，但几乎都是西式建筑，在我小时候大概有近100幢吧。

隈：有那么多吗？

养老：现在大的只剩下3幢啦。一幢现在成为镰仓文学馆，以前是前田家的别墅。另一幢是镰仓市最终买下的旧华顶官邸，这是一所具有法式庭院、非常漂亮的西式建筑，还有就是车站附近的滨口雄幸先生的别墅。最近不知被谁买下了。

糟糕的是，在那样一幢宅邸拆掉后的地基上，现在要建造10幢房屋。道路狭窄的地方，人口增加了，汽车也随之增多，很危险。虽然现在谈的是城市规划，但这个国家是否原本就没有城市规划呢。如果一开始就没有制定规划，即使从中途考虑，也是毫无道理啊。

隈：您说得很对，这个国家没有城市规划。

养老：一般规划后再建造城市的想法是欧式想法。观看亚洲，城市都是自然形成的吧。我本来就不太明白城市规划这个词汇本身的意思。要说殖民地的话，还是懂的啊。可是，根据规划，原有土地的边界可认为到何处为止呢？刚才说过了每个地方、每个地区都有最佳答案，局部最佳答案是存在的，但不会与全部最佳答案一致吧。

隈：补充最佳答案后便产生了“合成谬误”一词。

养老：这太难了，我将这些归纳起来称之为“体系问题”。20 世纪搁置的问题之一正是体系问题。经常用简单的例子讨论的是“在中国把大米运到何处去？”这一问题。解答在土地辽阔、人口分布稀疏的国家，到处都种大米时，把在哪里生产的大米运到何处运费最低？

隈：看起来似乎很简单。

养老：是的，觉得那很单纯吧。这题无法解开。这最佳答案是非常难的。大米的收成等条件稍一发生变化，整体就一下子全变了。计算相当费事，复杂得很，没有办法。怎么也得不出最佳答案来。

隈：在建筑上，有的学生使用计算机计算土地给予的条件，把由此导出的开发规划撰写成论文。就是说，套入某计算方式就能写一篇论文。但这在现实中几乎不起作用。作为撰写论文的生产装置还行，但问题是这样的研究是否能与将来联系起来。

养老：这我明白。极端地说，中国的大米运输问题采用的也是将条件数值化后植入程序中，让计算机任意计算的方法啊。不过最大的问题是，得出的答案谁都搞不清是否正确（笑）。

隈："城市规划"这个词汇不管谁大谈特谈要一定注意啊。在受灾地区每天都在讨论城市规划，但是，只有像养老先生那样抱有怀疑态度的人才能真正参与进去。

亚洲的城市是自然形成的

养老：我家处于城镇化调整区域内，周围没有住家，是块墓地，后面的悬崖是国有土地，前面虽有条道路，但是去司法局查不到这条道路。

隈：在建筑基准法上是不能建造建筑的地方吧？

养老：是的。所以这是既得权利。本来是奶奶一个人住的小屋的地方。

隈：其实那种地方是最大受益啊。法规制度的悖论就是法规制度外的东西得到了保护。结果，因我们的工作关系可以建造的新奇建筑物，就是所谓的城市计划外的，只能用那种既得权利所建造的奇特场所。在阿武隈川河边上建造荞麦面馆时也是如此。那家荞麦面馆可以从自己外面的走廊上跳到一级河流阿武隈川里去。这种事，现在的法律是绝对不允许的吧。但是，把堤防内侧原有的小屋打扫干净，将其改建成荞麦面馆，这事是可行的。作为建筑师，当听到不动产主人的请求时，首先想到的是“太棒了”。结果不求一般解释，寻找一下例外即可。说真的一切都是例外。

养老：说到建筑，外景很重要吧。

隈：外景决定 80%，建筑师能做的有限。如果外景好的话，大致如同获胜。蹩脚的建筑师会把很好的给予条件搞得一塌糊涂，这种事情不胜枚举，能把给予条件发挥好的幅度有限。

养老：尽管如此，现在说到建筑，经常会把地点分开来谈啊。讨论受灾地区重建也是如此，日本全国的城市规划与地点有关的方面也被忽视掉了吧。

隈：这是因为 20 世纪的建筑主题是在城市化的名义下，把建筑物与土地分割开来获利的。

养老：用隈先生刚才的话来说，在最前面冲锋陷阵的是法国的柯布西耶吧。欧洲姑且不谈，在亚洲转一转，就会深切感觉到城市和城镇都是自然形成的。我感到不可思议的是，中国人为什么会那样连排建造呢。所谓连排，总之就是鳞次栉比的意思。中国人在建筑物之间不留任何缝隙，塞得满满的啊。唐人街全部是那样吧。让我愕然的是多伦多呀。加拿大幅员辽阔，多伦多也是宽敞的城市，可踏足唐人街的瞬间，就会发现房屋鳞次栉比，路上行人接踵擦肩。

隈：鳞次栉比是中国南方的城市里的、一般叫做“商店”的城市住宅的传统方式吧。即使在中国的北方，中间是庭院的“四合院”，南面也是近似于京都铺面房的商店。

养老：在老挝也是大杂院啊。即使新建房屋也都是两层一字摆开，下面是商店，上面是住宅。

隈：有一种说法，说是由于按房间的宽度来收税，所以要想少缴税就把横宽建造窄了。感觉的确像京都铺面房啊。不过，即使那种制度原本就有，也不是仅靠税金来决定街道房屋布局的，所以人们的空间感觉啦、精神上的东西啦，也都会有的吧。

养老：即便是在宽敞的地方，人们也养成了挤得紧紧的习惯吗？

隈：舒适的空间感觉与人的距离感因民族而异，这是绝对的。

养老：中国人的空间认识有点与众不同呀。我曾请人带我参观过客家族的土楼，那也很不同寻常啊。房子呈圆形连在一起。圆形中心是共同空间。爱德华·霍尔（美国文化人类学家）写了本名叫《隐藏的维度》的书，那本书就文化带来的空间感觉如何不同做了认真地论述。

隈：是的。盎格鲁－撒克逊人也是离不开土地，所以他们同拉丁系民族的居住方式大相径庭。在罗马时代就已经有名叫“insula”的立体集合住宅，人们满不在乎地住在别人的上面，因为那是拉丁系民族文化，所以成为可能。盎格鲁－撒克逊人出于农民的感觉，他们认为与地面的距离很重要，所以不习惯那样的居住方式。在英国，高层高级公寓也是风靡一时，但贫民窟化多有发生已成为社会问题。总之，离开土地，他们是要失败的。

美国洁白的郊外与黑色石油

养老：美国式的郊外住宅是什么样子的?

隈：的确是盎格鲁－撒克逊人居住方式的延伸。但是，美国的郊外住宅是否真的与土地紧密相连、与自然成为一体，这是美国文明的最大问题之一。养老先生您在您的著作中谈到，石油是美国文明的基础，它使 20 世纪成为美国的时代。也就是说万恶的根源都在石油。我也颇有同感。

石油用我的语言来翻译，就是“美国式郊外住宅”。美国式郊外住宅，总而言之，是靠石油行驶的汽车奔驰在郊外与城市之间的一个体系。如果从城市不断向郊外扩展，自己理想的土地、理想的生活便可到手，石油使这在整个美国流行的“梦想”或者说“错觉”成为可能。草坪上洁白的美国的郊外，实际上已与黑色石油成为一体了吧。

养老：隈先生，你在《新村论 TOKYO》里写了住房贷款也加入其中了吧。

隈：美国在第一次大战后发明了住房贷款制度，他们充分利用这个制度彻底开发郊外，销售在那里建造房子就会幸福的梦想。房子卖得很火，美国经济超越了欧洲。他们不接受教训又开发了次级抵押贷款，想让不需要买房的一般老百姓也实现50年代的美国梦。这样的故事市场里还在讲述着。

养老：在雷曼事件中彻底失败了吧。

隈：次级抵押问题在此种意义上象征着20世纪的结束吧。在日本阪神大地震中，靠住房贷款买的房屋倒塌的时候，美国次级抵押贷款失败的时候，20世纪被画上了句号。

养老：所谓的郊外新城，我仅看了看就不喜欢（笑）。在新城里走一走，也不知道自己身在何处。但是，古时候的镰仓是人工开发的，所以道路是按地形铺设，房子也是按地形建造的，由于保持了自然的地形，所以无论怎么走也不会感到无聊。我家附近的谷户隧道不知是谁什么时候挖掘的，弯弯曲曲的。凭直觉感到建造四角方格那样的街道对人类绝无好处。我认为那种泥泞不堪、复杂的、蜿蜒崎岖的路才是街道。

隈：现在镰仓也在大张旗鼓地搞开发吧。

养老：战前镰仓到处都是蜿蜒的街道啊。那些路我也非常熟悉。改变最大的街道是海边道路啊。

隈：是西湘支路吗？

养老：是的。西湘支路经常受台风侵袭。在那种地方把路修得笔直，受台风侵袭是再自然不过的了。但是，由于支路的开通，镰仓海岸边上的松树林完全消失了。因此，海滩不断被损坏，必须从什么地方运来沙子。真是缺乏考虑啊。

隈：在日本即使有人对你说“海边有好地方”也别信，因为不管哪里，道路总是在土地与大海之间，去了一看，根本不是什么海边呀。

养老：是那样的吧。

隈：说什么日本修建不了好的度假地啦，但那是在高速增长时，把道路修建到海边上的，真是不好。以后不管如何补救都为时已晚。城市规划需要一种运动神经，在某个时期所做的事情过后会有所反应。如错失一次机会，过后再要弥补是非常困难的。

养老：这种情况，今后要进行赈灾重建的公共团体是否正在考虑呢？所以我想请教建筑师隈先生，把街道建成棋盘格子式样，或是把道路建得笔直，这里面有无建筑学上的合理性呢？

隈：我的看法不同，最有效地把道路面积最小化，从数学上来讲行得通。但是，那个最小化实际上并不具备真正意义上的合理性。那是因为土地价值因此全部统一化，最终价格一起下降。

养老：就是嘛。终究是眼光短浅的想法呀。

隈：如果出于房地产商那种确保最大建筑面积的想法，首先会修建笔直的道路和棋盘格子。那的确很麻烦。

养老：刚才也提到过，镰仓的昭和时代的宅邸倒塌后，要在那地基上建造详细划分过的极小单位的房子，这如何说好呢？想找一个合适的术语，可以说“贫民化”吗？

限：不仅镰仓，城市的闹市区、周边文化区土地上的公馆府邸倒塌后，都被建成了寒酸的贫民化公寓。这不是用“真是可惜”这句常见的情绪化语言就能了解的，必须考虑如何建设能与遗产税抗衡的城市。

“看不到的建筑”是伪善的

养老：我饶有兴趣地读了限先生的著作《负建筑》，从《负建筑》这个词汇我联想到的是“看不到的建筑”。前些日子，我对建筑商们说过招人讨厌的话，“觉得遗憾，就建造看不到的建筑看看。那对人类和环境都是最佳”。

限：“看不到的建筑”对建筑师来说是很有魅惑力的词汇啊。这对我来说就是“负建筑”。我思索着当建筑从种种欲望变为自由，接受各种外力的被动性建筑能否建成，便写了《负建筑》一书，此前实际上也尝试着设计了几处埋在土里的建筑。但是，把建筑物硬埋在土里就会把地下的水脉切断，所以这还是不等于负建筑啊，因为建筑压住了水脉。总之，埋在土里并非好啊。反之，埋到土里就等同于在隐秘的地方做坏事（笑）。

养老：是的，埋在土里要花费相当多的能源成本啊。乍一看似乎不错，其实是既花费成本又破坏环境啊。

隈：最初在挖掘土方时要使用很多能源。地下的建筑物要比建在地面上多花费 3 倍的费用，所以要使用 3 倍的能源，也就是说要使用 3 倍的石油啊。尽管如此，看不到的建筑被认为是有利于环境的，所以，在某种意义上是伪善的（笑）。

养老：很难啊。

隈：最重要的不是一律都埋在土里，而是要“想方设法”做好吧。所以，建筑师本身不要陷入原教旨主义里。环境固然重要，但仅靠用原理来做建筑，其逻辑一旦落后于时代时，便会身负巨大债务。

在海外举行建筑计划说明会和演讲时，关于环境问题必会有提问者挑毛病。比如，谈到“使用和纸与木材建造没有铝合金窗框的建筑物”时，“隔热性差、不是格外使用能源吗？”等尖锐提问接连不断。被问及时，我就回答“我不采用原教旨主义”，结果大家爆笑结束。

养老：太棒了。那样说他们能明白吗？

隈：欧美人听后都会豁然明白的（笑）。

养老：所有场合都能使用“我不采用原教旨主义”吧。可是，在日本人当中好像有许多人无法理解啊。

隈：那需要开玩笑或是一种幽默感吧。人总是要死的，所以在活着时只能笑。但是，说这话的不是日本而是海外。遗憾的是，这普通的事实却在日本难以行得通。

养老：就是嘛。追究震灾后阁僚的失言也是如此，日本的市民看上去很愤怒啊（笑）。

第 3 章 | “同舟共济”的思想

给威尼斯运河装上栏杆吗？

限：东京即使在泡沫经济后，到处也都在重新搞开发。也有一种单纯的议论，就是养老先生所说的“贫民化”，要让很多人都能住到城里为好。但是，如此一来，在周边道路和基础设施方面就会出现别的问题，景观也会遭到破坏呀。

养老：我把它称为“体系问题”，我认为这问题全部是国家弃而不顾所造成的。2008 年，东京秋叶原乱杀案件刚刚发生之后的应对措施就是个典型例子。取消步行者天堂，限制刀具销售。这未免太愚蠢了吧。

隈：不想深入体系内，只会头疼医头，脚疼医脚吧。

养老：只看到眼前和表面的，所以只能那样考虑。与“想方设法”不一样啊。没有用因果关系考虑问题的习惯。如此一来，这硕大的体系问题经常被弃而不顾了。在第 2 章中，我谈到人口压力设计很重要，我认为日本今后趋向于人口减少。如果全民决定要适当减少下去，那城市规划就会轻松得多了。

隈：的确如此。

养老：在城市里如果建造大型建筑物，就要研究制订产生集约效果的规划。人口集中到城市里，地方上就会空闲出土地，所以这次要考虑如何利用人口过疏化的土地，必须认真致力于全部国土的利用。但是，考虑到土地的活用，各部委间的势力范围就会形成很大的壁垒成为障碍。包括农林水产部、国土交通部和环境部在内，恐怕大部分部委纠缠其中。各自的主管机关不同，所以在这样的体系下无法制订城市规划。

隈：我所设计的“长崎县美术馆”用地有运河流经。由于建筑与运河的所属管辖不同，发生了问题。虽有规定要求在运河边上安装高 110 厘米的栏杆以防儿童坠河，但安装了栏杆后，还能称之为运河吗？把威尼斯运河全部装上栏杆会是什么样子？美术馆方面想把美术馆与运河搞成一体化氛围，所以不想安装栏杆。但是，运河的管辖却不允许那样。在整个日本都是如此情况。

养老：最终栏杆拆除了吗？

隈：栏杆前面有绿化地带，所以将绿化地带的宽度与栏杆合并起来算是 110 厘米，以这样的理由降低标准安装了栏杆。这也是“想方设法”吧。

养老：镰仓的鹤岗八幡宫前面的道路是城里的主要街道，但由于开发的进展逐渐没了统一感。我曾经参加过志愿活动，希望至少建筑物的颜色能有统一感。那已经是 30 年以前的事了。你知道我们都到哪里请愿过吗？市政府啦、国家住宅局啦、城市局等去过许多地方，最后去了公安委员会（管理都道府县警察的行政委员会）啊。

隈：是公安吗？

养老：他们说不要妨碍交通信号（笑）。

隈：没想到你们甚至去了那种地方啊，重要的主题颜色定下来了吗？

养老：到了必须去公安那里的时候，我们已经放弃了（笑）。这就是日本政府机关特有的现象吧。

隈：日本已经很长时间没有出现一位有先见的政治家，能从上层消除各部委的壁垒，或者说能在上层发挥领导作用。日本现在和过去都没有过。

养老：我感觉这个控制主体，在日本就是“社会”呢。在日本默许很重要啊。这自古至今非常严格，所以，才有了假如儿童掉到运河里怎么办之类的事。

隈先生是搞建筑的，你认为对手不是上层而是社会吗?

隈：这个社会的素质下降了，很难办。

养老：的确，这就是问题啊。过去掉到河里的是醉汉，只是被人耻笑而已（笑）。当今时代却不成为笑话。时代与我们的常识不符啊。所以，我不由觉得城市规划不管怎么说，做的都是进退维谷的事。真的希望思考一下如何开发国土，大家才能幸福地生活啊。

高级公寓——工薪阶层化的极限

养老：隈先生在搞城市建筑时，对什么感到失望呢？

隈：现实只是房地产开发商在建设城市，自己无法参与吧。在日本，建筑投资人的姿态基本上都是“工薪阶层式的”市场主义。他们想按工薪阶层逻辑学来建造城市，所以越发无趣了。

“工薪阶层与其他人的心理状态大不相同”，养老先生也说过这句话吧。我也认为这两者比“民间对公务员”或“男对女”的差异还要大。但是，日本人对这种差异并没有意识到啊。

养老：即使是做同样工作的人，工薪阶层与其他人做工作时的心理状态也大不相同啊。

隈：我们的顾客在日本90%是工薪阶层。但是，放眼于世界，在与建筑有关的人中，工薪阶层是很少的。想点离谱的事，有能力把城市搞得精彩的人不是工薪阶层啊。

养老：在某种意义上说，建筑是离谱的事吧。

隈：是的。有时是非常暴力的，有时花很多钱得到的却是失败。风险特别大，以普通的工薪阶层的心理状态参与建筑的行为，从根本上就是不行的。在海外与我一同参与城市规划和建筑的伙伴们几乎都不是工薪阶层。工薪阶层仅以回避风险来做建筑的话，那只能成为无聊的阴险的暴力（笑）。所以，在日本工作会使人的失望越积越多。

养老：就是说在日本每个人都不能自立啊。

隈：养老先生是什么时候开始研究工薪阶层与非工薪阶层的差异的呢？

养老：在大学工作就会一清二楚的。因为大学里的人几乎都是工薪阶层。要说工薪阶层最不好的事情，日本的情况就是不能发挥作用吧。人在现场如不能发挥作用会很为难。建筑也有现场，这你很清楚吧。在现场规则是行不通的。会通融的人既快又顺利地完成任务。解剖就是典型的例子。解剖顺序即使规定得再严格，也是因尸体而异，所以规则是行不通的。不是吗？首先要量体裁衣，否则会因差异而产生麻烦的。

隈：在现场强制推行单一规则的做法很愚蠢啊。

养老：是的，这个人胖，脂肪多，这个人瘦，脂肪少，所以想用同样的时间来减肥是办不到的。喂，你啊，他来得那么早，你却迟到了，这样对学生发火也毫无办法吧。就是去搬运尸体，有时要跑到100千米外，也有时就在附近搬回来。有的地方必须半夜去，也有的地方白天去也可以。这样所有的情况，工薪阶层都想用规则来统一处理。

限：与超市和便利店的想法一样吧?

养老：说是那样效率高，但是，有矛盾的地方都在现场强制推行了呀。所以换言之，工薪阶层是“没有现场的人”。

限：是的。工薪阶层没有现场，指出的非常重要。建筑的现场所长过去并不是由工薪阶层担任的。只有现场所长有很大的权限，在单体现场不考虑赤字和盈利。在这个现场借出，在那个现场借入，边筹划边干，这边即使亏损点也要做得好些，这个现场节省开支赚点钱，有赚有赔。这些都由所长一人说了算，所以建造了各种新奇的建筑物，建筑也是文化。但是，现在的方针使现场所长全都完全工薪阶层化了。在单体现场如果出现赤字，便永无出头之日。所以，文化从建筑中不断消失。

养老：是那样啊。

隈：而且负责建筑材料订货的采购部门是这样一个体系，由被称作中央采购的总公司控制所有订货。比如，购买铝制品时，过去现场所长可直接与铝制品商人交涉决定价格。现在则由中央的总公司采购部来控制。现场所长不再是一城一国之主，成了只会敲计算机键盘的工薪阶层，自己连铝合金制品的价格也不能交涉，真够可怜的。

养老：与汉堡包店的店长一样啊。

隈：是的。设计者只能从商店的菜单中选择什么进行设计。城市变得冷冷清清是在所难免的。建筑的快餐化不可能建造出新奇的建筑。

养老：日本人将这种工薪阶层化称之为“进步”，并且持续至今，真有点反常啊。

隈：在高级公寓建设中，也充满工薪阶层式的逻辑。比如，如不使用乙烯树脂就无法建造公寓。这是因为墙壁上涂上油漆必定会“龟裂”。墙壁上哪怕出现一丝裂缝，就会被索赔，说是“这不是偷工减料的工程吗？”“瞧，有一道裂缝，地震来了不是要损坏吗？”仅这样说说卖方就无法争辩。

养老：但是，那仅仅是油漆表面的裂纹吧。

隈：是啊。但是你解释说“不，只是油漆开裂了”，买方就会说“里面有没有更大的裂纹？”“你能证明里面没裂开吗？”为了证明没有问题，只能破坏楼房给他们看看。建筑这东西既硕大又复杂，不是所有的地方都能看得到，所以，一旦有人开始怀疑，对此则无法做出解释。

养老：这不正常啊。

隈：这一切已经不可改变了。比如，墙壁下面有踢脚线吧。就是装在地板与墙壁接缝处、遮挡缝隙的木板。踢脚线与地板之间的间距仅有 3 毫米或 1 毫米就会被指责说“这是不合格建筑，拆掉！”而遭遇索赔。所以，只能做些安全的设计避免索赔。使用那种尺寸可以微调，适合地板凹凸不平的氯乙烯的柔软踢脚线。而且，还有标准要求下面的缝隙只能塞进一张名片。缝隙里塞进两张名片不行，一张塞不进去也不行。检查时，公寓公司的人拿着名片使劲儿往缝隙里塞来塞去。

养老：这是说的什么呢，傻子一般啊。

隈：这就是工薪阶层式社会的最终结果吧。因为作为公司员工来说，由于客户的不满，造成工程返工出现赤字，或因一条裂缝被投诉是最糟糕的了。

养老：客户与施工人员双方都是工薪阶层吧。异常的均质化。

隈：的确如此，客户买房时的心情可以理解，因为一辈子都要还住房贷款。这样买来的房子只因有少量的裂纹，就想提出索赔，说什么“还我的人生”。

养老：工薪阶层无法居住藤森照信设计的房子吧。不是价格问题，那么差劲儿的房子怎么能住呢？他把自然与建筑合为一体，亲手设计建造了“韭菜住宅”“蒲公英住宅”，但是，自己的孩子被别人捉弄说：“你家的屋顶上长了蒲公英。”（笑）

限：从我的经验来说，建筑委托人最初对建筑师的构思称赞说“啊，真不错啊”。但是，实际上，房子建成开始居住时才发现过于听信建筑师的话了。所以，以某时段为界限人际关系会突然改变的（笑）。所谓建筑就是风险极大的购物吧。总而言之，要了解那极大风险的全貌后，再决定做还是不做。

下定“同舟共济”的决心了吗？

养老：建造建筑物与选择医生实际上是相同的。

限：非常相似吧。

养老：不管怎么说都是在豁出命吧。所以，选择医生最正确的态度是与医生“同舟共济”，该把自己交给医生的时候就交给医生。现在的人们可不是这样啊。所谓信用就是这样，把自己交出去，对方最终也不会干什么坏事啊。此时，即使发生不好的事情也是没办法的。说墙壁上出现裂纹啦。夫妻吵架往墙壁上摔个碗也会砸出裂纹来啊。

隈：对方真正以“同舟共济”的心情信赖自己的话，这边也绝不会做什么坏事。搞建筑基本上都是长期交往。经过 20 年后，建筑师不会想不与建筑委托人说话。我是属于绝对不那么想的类型。10 年后，20 年后，也还想好好交往下去。双方的心里相互拥有对方，在某种意义上来说，有建筑师的技能在内。建筑师并非只会设计就可以了，而是在“同舟共济”的关系里，是否拥有对方。说实话，这对双方来说都非常重要。否则，真的建造不出好的建筑来。

养老：刚才我与隈先生反复提到的“工薪阶层性”就是否定“同舟共济”的。在医疗界里引进保险的分数制度时，作为我们来说发生了同样的问题。说是“医术高明的医生也好，笨拙的医生也好，治疗分数都是一样的”。对此，武见太郎

（历任日本医师会会长、世界医师会会长，1983年去世）说竟有这种蠢话，我十分理解。

限：的确如此啊。

养老：从另一方面来说，国民平等接受某种质量程度的医疗很重要。但是，如果不在某种程度上予以区别，日本的医疗现在恐怕已经到了一种无可奈何的时代。比如，癌症的治疗，说实话外科手术费用不高，但患者身体负担很大。对患者来说，最舒适的是电子线放射治疗。效果好是通过放射线与粒子线来进行治疗的，但是一个疗程要花费300万日元左右啊。这一现实还未被“医疗平等”的方针所认可啊。

你知道吗？粒子线治疗费用高昂的原因是因为使用了大型计算机啊。中曾根康弘的政治性易货贸易，使得医疗器械必须从美国购买。托他的福，价格高得出奇。如果是日本制造的一定会很便宜。

限：日本人能廉价制造出高性能的东西来啊。

养老：所以这些全都是我说的“体系问题”吧。现在不是将某个问题简单化的时代，因为一个问题会牵扯到诸多事情。

隈：美国的医疗制度规定，为防备患者的投诉或诉讼，医生必须加入保险，这很不得了啊。听说一年达到几千万日元，减掉保险费后医生的收入就大大降低了。

养老：在美国社会，被患者投诉时如果付不出最低 2000 万日元来，那医生就无法继续做下去。大家都是事前加入保险，所以只有保险公司赚钱。美国同样是非常异常。

隈：日本也想追赶美国，真令人吃惊。

养老：日本原来“同舟共济”的社会很舒适啊。拿“同舟共济”的关系来说，建筑也是现场裁夺，可以用经营者的感觉去做。

隈：是的。因为日本的建设行业一直以此来提高质量。把部件归拢到一起再加上点保险费并不是好办法。铝制品在这，壁纸在这，这样相加计算质量绝对无法保证。将这些维系在一起的现场的力量非常重要。

养老：日本的制造业优秀是现场优秀啊。现在现场变差，所以日本经济也低迷不振。重要的是如何发挥制造业的长处。如何对年轻人不动声色地进行教育呢？我认为是体育，或是使用身体。

隈：正如您所说，像我这样的工作，到现场走走真的就会了解很多事情。现在，有的建筑师以将现场的图像用计算机传送回来就能了解为由，说可以不去现场，但绝非如此。依然重要的是，到现场去，待在那里，到处走走就会知道的。

养老：这与医生也是同样。把检查的结果啦、CT 啦、外地患者的数据用计算机传来，听说做手术也是通过计算机图像来进行指导，那可不行啊。

隈：有些用计算机也搞不明白的、更为复杂的因素在决定医疗的质量吧。建筑也是如此。

还是吃点苦头好

养老：现代人的感觉迟钝，自己的感觉如同没有意识到迟钝一样迟钝。所以，意识上无视身体感受到的信息，只相信计算机。说得严重点，这与覆盖这个社会的“体系问题”相同，头脑无视将某物制作成型的非常复杂的因素。医生十分清楚身体与意识的分离。因为有人即使将要濒临死亡，也毫无察觉。虽然你对他说，你的健康状况糟透了。

隈：其实我也曾在泰国出差时得了肺炎，回到成田机场突然倒下，被救护车送到医院（笑）。身体某处恶化得惊人，真是搞不懂人的身体啊。

养老：所谓意识就是，某样东西你捡起，某样东西你不捡。而且，在现代生活中不断地变得迟钝起来。

隈：大体上，如今的日本人并非处于奇特的处境中吧。比如，通向先生镰仓府上的道路，是凹凸不平的石板路，可在城里都只在同样硬度的平路上走。

养老：我经常发牢骚说，“土建方面的人为何那样铺路呢？”因为这是一个丰衣足食的时代，所以我觉得走走泥土路也很不错。衣服、鞋子脏了洗一下即可，我也会洗衣服嘛，可是大家不理解我。

隈：我也在尝试着设计摆脱统一整洁模式的建筑，但即使那么想想也太难了（笑）。现在的社会变得不真实，不断地向无障碍、国际化方向发展，不允许道路、地面上有两毫米的高低差异。

养老：两毫米能叫高低差异吗？

隈：两毫米有时也会绊脚的。社会总是在不断地向反常的管理社会发展啊。

养老：我所说的都是对现代文明发的牢骚吧。我有时候也会被指责说：“那么，养老先生您说该怎么办？”所以，我在审议会和演讲会上谈到建筑和街道时，都事先封住嘴巴，只是说：“我只说一个具体的提案。”“今后在建造新的公共建筑物或自家新房的时候，把所有台阶的宽度与高度都层层改造，并可将其称为无障碍建筑（笑）。”

隈：就像荒川修作先生（已故现代美术家）设计的“养老天命翻转地主题公园”（岐阜县养老町）那样吧。有这样一段轶话，当听说来养老天命翻转地主题公园游玩的人不断有人摔骨折时，荒川先生则回答说：“人还是吃点苦头好啊。”（译者注：日语“骨折”一词还有吃苦、辛苦等意思。）

养老：我很看重荒川修作先生，曾被问起去不去他设计的三鹰的公寓住？我不小心差点搬进去住。不过，隈先生，作为工作，你不好谈荒川先生的事情吧？

隈：如果处于“风雨同舟”的关系，其实什么都可以的。

养老：在城市建设中倘若如此，就太有趣啦。

隈：那必须要建立牢不可破的“同舟共济”关系吧。并非是不可行的。

比如说使用木材的城市建筑。木材质地随着岁月流逝不断发生变化，所以，在20年、30年的长时间跨度中，必须与建筑委托人建立良好的信赖关系。那在“同舟共济”关系以外是不可能有的。东京汐留地区正好完全相反，那里聚集了最新的高科技力量，正在建造无不确定因素的超高层楼群。

养老：我有事去汐留的酒店，大热天吃了苦头。不知去哪里好，没完没了地走个不停。

隈：在汐留建造了那么高的大楼，按工薪阶层的想法，必须从所有承租者那里确保收到房租。最低房租乘上平方米数，工薪阶层拼命计算每个月增加的利润。可是，那样累计计算的话，房租将会上涨，普通的商铺难以进入。即使能进入也很少能长期经营下去，几乎都是短期性的商品陈列室和试销店。你去汐留转转看就会明白。那里只有不打算长期经营、几年后就要退出的商店。这样当然建不好能愉快购物的街区的。

养老：再也不想去第二次了。

隈：在美国超高层大楼的下面通常设有花店。把房租压得很低，请人们入住一层。也就是说，他们认为花店与花木、林荫树是一样的。没有人跟林荫树收取房租吧（笑）。

养老：确实是用花来装饰，而且维护也是自己来做。没有这么好的林荫树了吧。

隈：总之，这是附带人类的绿地啊。美国人对咖啡店也持同样的看法吧。咖啡店给城市营造了愉快的气氛，所以说不能收取房租。实际上，将这种商店得当地安排在大楼底层，整个城市的形象就会大大得以改变。

养老：但是，工薪阶层不会那样想。

隈：对工薪阶层来说，重要的不是城市的愉快氛围，而是要做到不被上司责备说："为什么只是这里不收房租。"这种状况也许会在我们不断地批评中逐渐改变的。当前在有超高层大楼的街区里，至少一层要请大众化的、商店街里的商店入住，这样的计划应该得到更广泛讨论。这如能得以实现，东京真的要变了。

养老：东京重新开发的街区基本上全都是钢筋混凝土吧。既没有树木，也没有土壤。敷衍了事地种上几棵树，那种地方的树真够可怜，受虐待啊。虽有爱护动物一说，但有爱护植物的说法吗？

隈：是爱护植物的精神（笑）。要是有也是很不错的呀。

城市重建工作应该交给女性

养老：与赈灾重建有关的“城市与民主化”的问题实在是个难题。比如，如果隈先生能从头来进行城市规划，你会如何想？

隈：20世纪是被石油和计算机所控制的时代，但那以前的日本全部被木材这一物质和其规模所控制，如果能重返以前，那日本将大为改观。我会考虑将东京再一次建成木结构的城市吧。城市建筑使用木结构，在里面种植树木建造绿地。木材不燃技术取得了划时代的进步，所以这并非是不现实的话。

养老：并不是刚才讲的爱护植物的精神，要说没有绿色，那大阪非常严重。为什么大阪没有绿地呢，真不可思议，像中国一样啊。

隈：因为有皇居，东京的绿地比率得到了提高。与大阪相比，虽说绿地的比例高，但实际感觉还是很少的。

养老：大阪市是商业城市，是日本最早实行民主化的地方，所以，说句挖苦话，大阪比任何地方都先“贫民化”，成了那个样子啊。

隈：城市以怎样的机遇来实现民主化是决定其以后发展的要点。从此意义上来说，现在有吸引力的是中国。东京已经失去了重新设计城市的机遇，但是，中国的城市在某种意义上来说，还有赶上民主化的机会。

养老：这是反论吧。

限：在东日本大地震中受灾的城市也具有中国城市那样的机会。在这一点上，最忧虑的是东京。在震灾前一段时间，东京的观光客增加，热闹非凡，但那并非是东京的城市魅力，而是银座的品牌店和伊势丹等消费场所的魅力。由于地震，东京的安全性受到威胁，外国游客骤然消失。尽管如此，秋叶原和下北泽这些过去曾经繁华的街道依然人气旺盛。

养老：可是，说起高楼大厦，上海真了不起啊。

限：是的。所以我认为，即使东京，它的“村庄”式的地方具有其原本的魅力，只能用“村庄”来一决雌雄。木结构的城市建筑与“村庄”非常相称。

养老：我讨厌城市，只对昆虫生息的、人口稀疏的地方感兴趣（笑）。日本的村庄现在正以迅猛的速度消失，那是因为在现实中难以生存。

限：用习惯于现代消费社会的感觉来说，的确如此吧。

养老：在现代的村庄里如果没有汽车便无法生存吧。还有，问问妻子就会知道，女人都会说没有购物的地方啦，没有文化设施啦等等。那里女性的生存意识非常强啊。所以村庄里留不下女人。有的村庄留下的都是些老太太。不过，事情既然如此，女人们都不怎么介意，反而扎根在那里。在这一点上男人完全不行吧。所以我认为无论城市还是村庄，女人的比率很重要。

限：利用女人的力量，是以前城市政策中未曾有过的很有趣的观点。不仅有趣，而且也很重要。

养老：有农村娶不到媳妇的问题吧。我想那如实体现了其土地的价值。城市规划中忘却的是女人的切身体会啊。看看老挝和不丹，基本上都是女权运动的社会，那才是自然的，为何男建筑师要参与城市规划呢？

限：现实中，在景观设计领域有很多女性，但在城市规划中却非常少。如果出现女性城市规划师会很有意思的，我认为东日本大地震的重建，是女性规划师的机会。

养老：所以应该男女携手去做。具体的事情交给女性，抽象的事情让男性来做。因为我在建造自己家时有深切体会啊。即使在箱根建造的别墅，外面也许是森藤照信的设计，但是内部全都是老婆搞的呀。我未提任何要求，只说了要有房顶，别漏水就行（笑）。

限：现在建筑设计的趋势是，男建筑师在设计时也要注重女性的需求。所以，现在正成为一个建筑师女性化的时代。

养老：我喜欢老挝的琅勃拉邦，真是块神奇的土地啊。在湄公河与湄公河的支流流经的地方，有一块像细长的鸟喙一样突出去的土地，就是琅勃拉邦。只有两三条道路可通到那里。而且道路上全都是露天商店，看店的全部都是女性。我去过一次觉得很有意思。

限：那男人们在干什么？

养老：男人们在吸烟。

隈：就是说不起任何作用啊。

养老：是的，是生物的自然现象吧。去了不丹看到老太太与年轻姑娘在田里辛苦劳作，而年轻男子则在田间的道路上游手好闲地转来转去。

隈：真不错，很羡慕啊。

人类以居为安

养老：你见过不丹的房子吗？基本上是自给自足的农家，好像刮阵风就能吹跑似的房子。顶棚架在柱子和墙壁上，中间有缝隙，能飞进鸽子来。

隈：环视世界，与野生动物共栖的房子有很多啊。在学生时代搞村落调查时去了非洲萨凡纳，看到许多蝙蝠栖息在屋子里，飞来飞去，令人吃惊。

养老：日本也有那样家里有很多蝙蝠的啊。

限：那些蝙蝠能起到什么作用吗？

养老：什么也不做，是完全寄生的吧（笑）。没有合适的树洞栖息，就住在人的房子里。

限：学生时代通过调查非洲撒哈拉沙漠周围的村落，思考了现代的城市问题。那并不是很难，学到了一些简单知识。人类不管在任何空间，任何环境里都能生存（笑）。

养老：是的。

限：人的适应能力非常强啊。

养老：我完全赞同。因为也有人住在冰屋里。作为一种生物来思考的话，人类已经不按规矩做事了。

隈：甚至有用干牛粪建造的房子，真是多种多样。

养老：也有人在海上生活好几个月啊。环视生物界，真没有这种动物啊。在海上生活，如同漂流的老鼠一般啊，没有办法只好抓住漂流木随波漂流。所以，人类是离奇的动物。我从藤森照信先生那里听说的最有意思的是蒙古包。当问及在蒙古包里如何保护隐私时，回答是：在蒙古，蒙古包里面是公共场所，隐私在外面。

隈：这同非洲的萨凡纳是一样的。很多人共同生活在用土与动物粪便干燥后建造的小屋子里。日本人的感觉有七八个人时，就觉得“哇，这么多人啊！”。问一下住在里面的人，说是有三四十人。要说为什么能住那么多人呢，小屋内是公共场所，性生活在外面进行。室外的生活丰富多彩，那里存在着文化。

养老：我也认为那完全相反呀。也许蒙古包才是世界上最早的城市规划呢。

隈：不是为保护隐私才建造房屋的，房屋是公共场所。20 世纪过多地方考虑隐私，房屋的概念变得很淡薄。实际上，房屋才是公共场所。这对我来说是一大发现。作为排名第一的东京，它所谓的“城市规划”是如何背离原点的？到世界各国去看看就会一清二楚。

养老：逆向思考很有趣。

第 4 章 | 适应力与笑的艺术

病从房屋“私有”开始的

隈：无论是城市还是住宅，我想从人们认为房屋是私人空间时便开始出现了各种错误。这种个人的想法，再进一步便成为“私有”。坚信这是自己一生的财产，在确定人生的目标时，便不会允许油漆上有一条裂缝吧。这样，建造好了贴有不产生裂缝的聚乙烯织物的高级公寓，便开始了次级房贷危机。

养老：在日本，公寓分户出售是绝对主流吧。大楼本身虽是公共财产，但将其公共场所的一部分变为私有，人们现已认为很正常，不再感觉异常。

限：随着岁月流逝，这里面的矛盾就会成为大问题。高级公寓翻建难度很大。在无法翻建的情况下，最终要么拆毁，要么贫民窟化，只能如此。尽管这样，但在分户出售购买时，觉得好像买了一生的放心。20 世纪初，美国发明了高级谎言，说只要抵押贷款买了房子就会保证幸福一生，这是美国制造的梦想在日本得到最圆满的实现吧。

养老：买的时候会想，钢筋混凝土的房子应该不错吧。

限：正因为是钢筋混凝土的房子，所以才难以翻建。结实反而成了坏处，买房时没有想到这一点。

养老：与种植杉树林相同吧。种植时想 5 年后长大就行。但是，根本没有想到 50 年后花粉会给大家造成多大的痛苦啊。

限：所谓城市是这样形成的，基本上采用出租的形式，随着家族形态和生活方式的变化，在动荡中不断调整进而固定下来。经济状况也是如此，不断发生变化，许多事情也随之改变。城市这一生物将住宅分户销售，在刚刚喊出“这是资产”时，就已经患上了重病。

养老：那是因为失去了流动性吧。城市生命体的代谢变坏。

隈：外国人说，无论是作为景观也好，细节也好，日本人具有丰富多彩的住宅文化，但是，为什么要乱建破坏这种文化的高级公寓呢？越是喜欢日本的人就越是失望，他们说，办公大楼还说得过去，但日本的高级公寓实在是不敢恭维。作为资产如何进行销售呢？那种彻底执行市场学的情景让人不寒而栗。

养老：首先，那是大家所追求的吧。

隈：虽然无人满足所谓的高级公寓景观，但实际购买的人却很多。所以说，销售技术有了惊人的进步吧。在外形相似的高级公寓鳞次栉比的地方，把这也当成卖点展示，如果选址离车站较远的话，便提供其他方便条件。这样只有尽量卖高价的销售技术在异常进步，使得现在仍然有人在购买。日本人如果在一旦确定下来的课题中展开竞争，是非常努力的。

养老：分户销售的技法体系，是在高速增长时期建造大型新城时，与金融体系一起制作的吧。

限：是的。的确那个体系在经济增长时期成为扩大内需的驱动器。因为高速增长是通货膨胀接受型经济。面向消费化的日本人，给他们这样一个梦想，只依靠单纯的金融资产，钱是不会增加的，如没有土地，钱则会减少。

养老：不是金钱本位制，是土地本位制吧。

限：而且，在现实中靠租赁找不到像样的住宅。倘若如此，与租赁相比，还是买房能满足资产意向，也能居住在好的环境里。这样梦想被不断强化。对企业来说正中下怀，比起租赁，分户销售能马上收回资金。如果能靠分户销售来处理投资，是再好不过的了。

养老：真是能尽快出手的好生意啊。

限：我认为如果在城市居住，租赁比较合理，如果有人说要“买”房子，那他就应该知道像我刚才说的对企业非常有利的分户销售的背景。

销售者不想住高级公寓

限：养老先生您有居住高级公寓的体验吗？

养老：我没有，但是我女儿住在东京的高级公寓里。不过是一层。高级公寓两层以上你可以忽视它（笑）。

我的朋友在一家大型建筑公司工作，他来我家时去了后面的墓地好久不见回来。没办法去找他，问你在干什么？他说我在想，在这里建造座高级公寓如何（笑）。我问他你住在哪里？他回答说“普通的房子里”。

限：是说不是高级公寓吧。

养老：是的。问他不住在高级公寓里吗？他回答说：“不是开玩笑，我不住在万一发生什么事无法跳下来的房子里。”听了他的话，我只劝人们住高级公寓一层。本来我就讨厌电梯嘛。我有封闭恐惧症。我经常想，要是电梯漆黑一团停下来可怎么办？所以我不想乘坐电梯。

隈：有过什么亲身体验吗？

养老：是的。东京大学解剖学实验室在3层，停尸房在地下，必须使用电梯。那架电梯破旧不堪，不好好维护马上就坏掉。在往上搬运尸体途中，电梯有时就会停住。

隈：那真够讨厌的。

养老：和尸体两个人待上几十分钟（笑）。所以我讨厌电梯。那是一种封闭的环境，非常可怕啊。在哥斯达黎加享受过从树上降下的原始电梯，非常舒适。“嗖”地滑下来，单手在绳索上减速，减速过猛会在中间停下，很难掌握。

限：我想住在养老先生设计的城市里啊。

养老：如果是那样，比如我会在池袋阳光城到新宿车站之间拉条绳索（笑）。上去时没有办法请乘坐电梯，下来时可沿绳索“嗖”地滑下来啊。

限：真不错啊。

养老：经济实惠吧。节省能源啊。东京不是有像六本木新城那样在同一地脚建有好几座大楼的地方吗？那些地方在楼与楼之间架设绳索，攀索移动不是很好嘛。

限：如同好莱坞电影一般，身体感觉超棒吧。从未想到过啊（笑）。

养老：东南亚和中国大陆、台湾等国家和地区的人都喜欢高层密集住宅吧。在那些地方架设绳索移动挺好的（笑）。

限：日本电梯的维护价格高得惊人。所以高层密集住宅的电梯只有一架，电梯间旁边的长走廊上挤满住户，在日本基本是这种情况。这在世界上是非常奇特的布局规划啊。

养老：如此说来，香港圆形楼房很多吧。

隈：是的。不管中国台湾还是中国大陆，高层高级公寓电梯四周分布着住户。像日本这样住户排成长列布局的式样确实少见。日本制订的高级公寓计划是靠增加每架电梯对应的户数来减少电梯的维护保养成本。

养老：比亚洲其他城市的密集住宅环境要好得多吧。

隈：在电梯四周住户圆形布局，在家中就能看到外面的全部景色。可是，日本的狭长布局方式，外面的景色无法展开，房屋只面向一方，走廊一侧是带窗棂的监狱式样，后面全都是隔壁住户的墙壁。在这种方式中，日本的电梯公司是靠维护保养来赚钱的呀。

人适应房子即可

养老：香港很不得了，到处都是高层大厦啊。

隈：对他们来说，那也许就是自然环境。

养老：所以说人有适应能力啊。我本身从来就不搞什么房屋设计。房子要这样那样建造啦，全无要求，四角形也好，三角形也好，都与我无关。给我的东西只是随便改动一下，从不发牢骚说什么不方便。

隈：虽不是为人作嫁，我也是对自己的住宅丝毫不感兴趣，与您相似吧。

养老：我认为这么说是因为自己没有一点儿这方面的才能啊。大学时代也是如此。在设计实验室时，不知道事先如何设计空间。暗室、水房、安放显微镜的地方需要多大等等这些基本上都懂。但是，这些如何组合，动线如何设定才能舒适都不懂，觉得麻烦。

隈：动线怎么设定都行，只要人能适应即可。

养老：是的，说的是只要适应就行啊。对建筑师来说，像我这样说话的人让人讨厌吧。

隈：不，即使我们磨炼适应能力也是很重要的事情。建筑的本质，没想到就是那么回事。建筑师如能磨炼好适应能力，说实话他的设计水平也会得到提高。在自己身上验证各种适应方法，从中就会发现适应的“深度”，就会知道即便是同一适应，那个为何辛苦，这个为何讨厌。讨厌的感觉有多种，一个个进行确认，就会知道有的非常讨厌，有的不怎么讨厌。对人类来说，通过这样的工作就会知道，什么是真正舒适的建筑，什么是应该建造的建筑。所以，适应训练是非常重要的。

养老：在现代化建筑物中，也有形状虽然很漂亮，但动线非常不好。是建筑制约了人们的行动吗？

隈：那的确有很多类型。我也是经常在设计时没有想到，等完成后才发现，这不是非常漂亮的动线。可是，实际上那些类型是没有规律的啊。要适应不同的状况，不断地完善自我，这样设计水平才能不断得到提高。

养老：隈先生你说过，在中国和印度那些施工能力较低的国家进行设计时，要预先在设计中把低能力考虑进去吧？

隈：说到年轻时的设计，就“猝死”失败过。头脑中装得满满的，描绘着理想的空间来到现场，在施工中突然发现啊，如此施工水平果然不行啊（笑）。这样已经无法挽回了。的确是“猝死”啊。而且即使大声训斥“返工”，反被对方说“你滚开”。

养老：年轻时这种事情很多吧。

隈：比如，设计铁板与玻璃的组合，头脑中的想象非常完美，但实际做起来，按照现实的施工水平是无论如何也搞不好的，在现场才初次搞明白。明白之后已经为时已晚，迄今做的努力全都化为泡影，彻底失败了。

但是，积累起经验来就不会“猝死”了。这样开展工作，如在现场改变形状什么的，总会有办法，不行再想别的对策，边进行自身反馈边进行设计。

养老：这就是人生吧。

隈：是的。总之，到最后不是“死”，而是设法寻找延伸“想方设法”之道。这无非是磨炼适应能力。

养老：在医疗界本来也应该如此。医生也要“想方设法”，这是很重要的，但是，他们现在却不这样做。过于追求完美主义，忘记了适应的对策。癌症手术就是一个典型。哎，肿瘤全部切除了。但是，患者大都被切除过多死去了。我曾经帮忙做过 8 个小时手术，最后病人还是死去了。

隈：建筑的感觉与其非常相似。年轻时还想把病灶全都切除掉，结果在切掉时“猝死”了，等发觉切除不完时已为时已晚。体验过多次失败，我也明白了完美主义行不通。

养老：不追求完美实际上是科学的态度啊。

隈：与解剖有相通的地方吗?

养老：我不喜欢患者猝死，所以一直在做解剖啊。解剖并非是自己来主导，而是配合对方来完成的。

隈：的确是适应对方啊。

养老：比如，想从尸体上剥离出神经时该怎么办？大家会认为使用手术刀切割吧。并非如此。如果使用手术刀会切断重要的神经。要想剥离出神经，首先要插入镊子。于是就会自然而然地进入柔软的部位，随后适当调节自己的力量进行剥离。如何做不会破坏神经，或者会破坏神经，整个过程自然观察得清清楚楚。

隈：总觉得这是一门艺术啊。

养老：这与宫廷木匠和雕刻很相似啊。感觉好像是在用木头雕刻佛像似的。听说熟练的佛像雕刻师和宫廷木匠在看到木头的瞬间，就知道该如何使用木头，如何雕刻了吧。

隈：是的。板材以前一直使用分割夹板吧。分割夹板是最好的。它是顺着木材柔软的地方开裂的，所以板面是自然形成的。比如，木头是按木纹走向弯曲开裂的。但是现在呢，不管什么都使用锯来直线切割。

养老：的确使用分割夹板是不会腐朽的。用锯切割的木板不是自然开裂的，所以被雨水淋湿后就会腐烂。在寺庙神社等日本古建筑物中，通常都使用数百年前的木板，比铁和混凝土要耐用得多。

养老：所谓解剖学就是以自然为对手啊。我解剖尸体的同时也对各种职业认真做了事先学习。

“估计不到风险”是真心话

养老：我认为人有适应能力，所以实际上根本用不着担心东京的大楼高层化，随他便好了。不过，我担心的是没有了能源怎么办？

隈：这是最重要的。

养老：不管卖方如何说“已采取了风险对策”，比如发生地震会停电吧。这种情况下，就估计不到停电要到什么时候吧。

隈：在超高层大楼的超高层上，任何人都会本能地从心理上产生不协调的感觉。对此，如果要说用风险计算能否对应，那是不可能的。

养老：的确如此。我担心的是地震难民。说是在 2004 年的新潟县中越地震时山古志村出现了难民，如果东京都出现难民将会怎样呢？人数要以百万人单位计算吧。我想这种事情在城市规划中当然要被讨论的。

隈：真没想到啊，对应策略是要建造公园作为避难场所。反之，针对以楼房为单位的故障，是绝对没有办法的。如果城市基础设施停摆的话，那不管做什么都完全没用。

养老：所以，假如东京发生地震，要做好至少数月无法生活的思想准备。所谓灾害对策，经常是只顾及当时，但实际上处理后事是很重要的。东日本大地震的善后处理现在还在进行中，但听说2008年的岩手宫城内陆地震中，在避难所出现了静脉血栓塞栓症。在城市开发时，要说有关人员是否考虑到那些情况，日本则几乎什么都没有考虑。

养老：这一点上，日本人的现实对应意识是错位的。以前看过BBC新闻，英国政府明确表明，英国目前“经济停滞与通货膨胀”将持续下去。大概石油价格到达顶峰不景气了，而且物价也同时上涨。我听到电视上说，目前经济停滞与通货膨胀将会持续下去。觉得英国真是个君子之国啊。

隈：在日本如果那样搞，首先媒体就会引起轰动吧。

养老：整个世界无法避免经济停滞与通货膨胀时，你认为日本政府会怎样说？说是地球温暖化对策（笑）。而且，还将其作为东京电力推行核电站的根据吧，真是愚蠢。这也包括媒体在内，日本完全是愚民政策呀。在推行愚民政策的地方，真正的城市规划能成立吗？

隈：愚民的民主主义会将城市毁掉。在这种情况下，建筑师无法参与城市规划设计。这与医生不能接触病人一样，是致命的。因为城市就好像是一位身体硕大的病人。

养老：认真思考一下能源问题，城市的建法当然也要改变吧。

隈：已经在完全改变。人们都认为城市的建法自古至今都一样，但是，老实说，我现在所了解的城市正是美国在 20 世纪初期，与汽车建造成一体的城市。所以，从历史上来看，那的确是一种短期行为，是未经过充分验证的有缺陷的发明。

养老：是的。这是以石油能源为背景的。充其量是 1 个世纪左右的东西。

隈：以城市为背景的能源假如得到改变，那城市也会变得面目全非。其实这是最有趣的展现。

养老：我也完全同意你的意见。世界今后要变得有趣了。依我看，老挝啦，不丹啦，将是世界最先进国家吧（笑）。不使用一点儿石油，或者最低限度的自给自足的国家将会名列前茅。我搞不太懂把那些国家称之为最贫穷国家的感受。老挝很不错啊。看一下它的人口就会明白，泰国和越南人口都接近 1 亿，可老挝只有 600 万人。

隈：国土面积没什么差别，可人口不到十分之一吧。

养老：是的。去了老挝感到吃惊的是，爬到山顶举目望去，能看到像关东平原那么大的范围。在那片土地上，看不到一处人造景观。我不知道建筑师会怎么看那些地方，但是对我们采集昆虫的人来说是理想王国啊。因为我们只能看到地面啊。

隈：那对我来说也是理想王国。不管怎么说，因为我是有怪癖的建筑师啊（笑）。

养老：被称为最贫穷地区的亚洲内地非常有意思。风俗与习惯各不相同。

隈：能看到亚洲原野风景吗?

养老：在老挝也有把水稻生产作为景观的地方。山里到处都是湿地，在深谷里把一块地开辟为稻田。我们在9月份访问时，正赶上水稻收割季节，问当地人："你们1年种几季水稻啊？"对方发怒道："这种鬼地方1年1季就足够啦（笑）。"

隈：1年只种1季水稻就完事儿啦?

养老：所以，我读了论述世界饥荒的书后认为，书本与实际背离太大了。在那书中，老挝作为亚洲最贫穷国家被提及。但是，1年收成1季水稻人们就能生活下去，哪是最贫穷国家啊。作者的常识显然不过是城市的常识吧。那也许是世界银行的常识，但绝不能以此来判断世界。

"最贫穷国"成为世界最先进的国家

隈：老挝和不丹石油价格即使上涨也没有损失吧。

养老：老挝明显是完全不受损失的国家之一，而且生活完全能持续下去。我待过的村子，拿镰仓市内来说，有一条滑川那样的河流流经村中央，那里装有一台小型发电机。人们靠着 20 瓦左右的电灯生活，就像战后的我们一样。这样的话，石油价格到了顶峰也好，一文不值也好，一切都无所谓。因为蹬自行车也能发电。

隈：可是，这对几乎所有的日本人来说，不能随心所欲地用电和没有汽油不能开车的状况，是不愿想象的事情吧。

养老：是的，不愿想象这是真心话。政府也是如此吧。所以，“世界奔入了经济停滞与通货膨胀时代”这句话我也不想说。但是，因为有卡桑德拉的预言（希腊神话中的不吉祥预言），建筑受到的影响也是相当大啊。

隈：我认为，说到底，日本的建筑业按以前的形式已经无法生存了。

养老：将以猛烈的势头进行淘汰吗？

限：我对学生们说，到中国和印度尼西亚去工作吧。这对建筑业界、建筑设计师双方来说，只有发展中国家有可能了。

养老：齿科医学会从十多年前就说，日本要向中国输出牙科医生。因为牙科医生的竞争也非常激烈啊。

限：我认为如果石油价格到了顶峰，吃的、住的等各项都会不容分说发生变化吧。

养老：会变的。可是，我认为政府所搞的节省能源的宣传毫无意义。国家一直给那种宣传投入费用，汽油价格一上升，大家不是马上就节省能源了吗？事情就是这样。点着明晃晃大灯的钓乌贼渔船无法出航捕鱼，金枪鱼价格上涨 20%。不用高喊什么保护资源，提高燃料费用社会立即就会发生变化。

限：在此种意义上，我们真正生活在石油文明时代呀。

养老：限先生你在不能开车、不能建造楼房的时代里，作为个人来说能忍耐得住吗？

限：毫无问题。我是经济型，不在乎的。

养老：我认为在建筑世界里，现在打零工赚钱。总之，大家必须把家“想方设法”地使用，所以必须改装这儿那儿。可是，现在能干好零工的木匠不多了吧。因为人们认为，碰地一下用预制件搭建房屋才是工作。这不是笑话。假如要恢复以前的做法，预制件就会非常不方便，难以修整吧。

限：预制件很难处理。即便说是百年施工方法、200 年施工方法，其价值也维持不了 100 年，只会腐朽下去（笑）。这种 100 年后谁都不想住的设计，只是材料能维持 100 年，拆除只会花费钱，力所不及。第一，说是 100 年，但说这话的人、买房的人，谁都不会活那么长久啊。

养老：这与说 2050 年减少 60% 的二氧化碳一样啊（笑）。哎，福田康夫（91 届内阁总理大臣）说的时候，我边笑边听，活不到那个时代啊。

限：别说活到那时候，他本人说完那话后马上辞去了总理大臣一职吧。

养老：问了藤森照信先生，听说预制件住宅 40% 是宣传费用啊。这样的话，与花 100 日元买根萝卜、10 日元付给生产者、90 日元全部给中间商是一样的啊。这就是现代社会。我认为造成这种状况的是廉价的原油。建筑业界是个典型，总之，没有物流便无法做成的生意，在流通成本高涨的时代到来时将究竟变得如何？

隈：建筑业界实际上已成为流通实业，那是很不得了的。

养老：流通业是在便利店、快递送货摆脱了石油危机后出现的商务。下次假如像石油危机那样的国际性经济危机到来时，不知将会怎样。 在那以前，东日本大地震让大家刻骨铭心，依赖流通是现代社会的弱点啊。流通是很复杂的问题。想一想在第 2 章中所谈的有关中国大米的分配问题，就会知道有多难吧。

我们所在的这种城市假如没有了石油将无法维持下去。首先会发生物流问题。

限：大楼中的东西是电气设备吧。

城市建设不要做美国的奴隶

养老：仅仅探明地震这一自然因素就很困难，再考虑如何解决好能源问题，真令人头痛。城市人口集中，在成本方面虽有优点，但是不能简单断言。仅限城市基础设施而言，集中到一起成本会降低，但作为城市的存在方式，真的希望如此吗？所以，我认为，人所生活的世界最终将有可能两极分化。农村自给自足，当地生产、当地消费的世界和在城市中尽量使物流效率化的两个世界。

限：这与昭和初期的东京和地方的存在方式不同吗？

养老：尽管时代云云，但是不管任何时候，人类社会基本如此。我认为那将会更加极端分化吧。所以，这两个极端假如对抗起来会很糟糕。一旦城市统治农村或农村统治城市，必定会发生不好的事。所以我现在推荐能在两处生活的“参勤交代”[①]。平衡城市与农村这两个世界，恐怕是最为行之有效的了。这能否成为结论呢？

隈：把平衡的支点置于何处至关重要吧。

养老：假如让当今的人来考虑，会马上做出结论说：“俺住在这边儿。”但是，适当地兼顾两地不是挺好吗？住在城市的人 1 年里在农村住上一阵子。日本是个小国，所以非常适合做这种实验。但是，政府净说些傻话，日本要取得什么地球温暖化对策的领导地位。首先“领导地位”这个词本身就很可笑。要成为样板国家嘛还能理解。人是否模仿那是别人的自由吧。日本没有必要领头喊什么减少二氧化碳吧，因为并不是日本排放出来的。为什么那么理所当然的事，在这个国家就不能说出来呢？

隈：二氧化碳原本是邻国排放出来的。

① 参勤交代，亦称为参觐交代。它是日本江户时代的一种制度，各藩的大名需要前往江户替幕府将军执行政务一段时间，然后返回自己领土执行政务。

养老：那为什么我们要负这个责任呢？今后日本的确需要一个合理性的社会，那社会丝毫也不需要发达。就连给印度洋提供燃油，防卫厅的高官和退役的人以及政府都在说“提供燃油是国际贡献，世界在感谢我们”。他们不感觉自相矛盾吗？如果石油免费分送，那分到的人一定会说“谢谢”的，不会有人生气啊。可是，假如分送石油，那二氧化碳就会增加吧。如此一来，增加二氧化碳也会得到世界的感谢吗？请不要认为我在说怪话呀（笑）。

隈：不，不会那样认为的（笑）。

养老：一方面说要减少二氧化碳，另一方面说分送石油是国际贡献。哪是真的？

我如果是孩子的话就会提问，可我是成人，所以不闻不问（笑）。

隈：您说得很透彻啊（笑）。

养老：露馅了吗（笑）？这种蠢事似乎对能行得通的状况应

该有所改善。

限：据说日本地方上的商店街已经空洞化了，我多少期待着那些地方再次引起社会注目。那个时代也许会到来的。

养老：是的。自给自足和自产自销的地方将会站在下个时代的前列。日本有河流在流淌吧。安装上小型发电机，就能解决你家的用电。即使停电，我觉得也很愉快。夜色暗下来，昆虫就会增多（笑）。在这种情况下，限先生将如何设计城市建筑呢？我深感兴趣。以前都是委托方说“照俺说的做”，不得已做了些无聊的工作吧（笑）。

限：虽说是“日本的城市”，但最终甚至连城市规划也成为美国的奴隶，不得以模仿了美国的风格。所以，那种有可能摆脱美国风格的城市，哪怕仅仅是幻想也是吸引人的。现在的建筑法也是在向美国风格的城市方面诱导啊。如果从改变法律开始，那就绝不只是幻想剧了啊。

养老：这样说来，听说罗斯柴尔德家族的老太太来到日本的时候，说是喜欢茅草的屋顶。她说：“非常喜欢茅草屋顶，但那要花好多钱真没办法。”我觉得有点不可思议。即使再怎么花费工钱，对罗斯柴尔德来说，也便宜得很吧。于是她回答说：“不，我有40多幢茅草屋顶的房子（笑）。”去了她所说的英国村庄一看，我才恍然大悟。整个村子都是茅草屋顶啊。也就是说，罗斯柴尔德要维修整个村子。这种事情即使在日本也不会有人做吧。

隈：我也有同感。

养老：如果是去人口稀少的地方倒是很有可能。像伊势神宫那样每隔20年就重新整修一次。

隈：说到茅草屋顶的村落，我曾给新潟县高柳环状村落计划设计过茅草屋顶的建筑物。给人的感觉的确是考虑到环境的设计，是很有意思的计划。但是，虽说是地方，可很少有人能够确实搞清楚自己脚底下的土地价值或建筑和景观的价值。全世界很少有人在客观上懂得茅草屋顶有什么价值。就一幢建筑物也许能够进行讨论，但是能够设计整体环境的人不管在城市还是地方都非常少。其中，在赈灾重建中按照老样子千篇一律地照搬美国城市模式是有危险性的。如同养老先生所说，乍一看想法很奇特，再搞得有趣些也不错啊。但这种幽默与轻松，日本是注定欠缺的。

第 5 章 | 经济观念的合理性

虚拟的城市异常增加

养老：从隈先生东京青山事务所能观看到东京的景色吧。

隈：房东是隔壁叫梅窗院的寺庙，那里也有宽阔的墓地，远眺景致很好。

养老：隔壁是寺庙，与我在镰仓的家一样啊。但是，从隈先生事务所看到的景色，这 10 年来变化很大吧。21 世纪的社会越来越不景气，可东京却发生了如此巨大的变化。这是战后以来变化最大的吧。

隈：这十年来，东京的街道从量上发生了很大变化。不过，在我的意识中，没有感到青山等这所谓的城市中心附近，发生了什么改变城市或新建城市的变化。那里反而是东京的可怕之处。北京以奥林匹克为界限，城市眼看着发生了变化，而且这些变化任何人都知道。可是，东京在泡沫经济崩溃后，在不知景气是好是坏的状况下，无意识地建造了许多超高层大楼。重新思考一下，那令人心情不快。

养老：超高层大楼的建设热潮不正常啊。

隈：以前，比如说国王要建城堡，要有许多人受伤才能建造好。在现实世界里，要实现建筑那样的巨大工程，在其建造过程中许多人要受伤。但是，如今东京的光景，没有任何人受伤，CG 动画中的虚拟映像原封不动地变成了混凝土、钢铁和玻璃。那种无伤让我心情不畅。

养老：我认为把学问分为文科与理科弊端很大。在第 2 章里也谈到过，读了戴维 · 斯特拉汉的《地球最后的石油危机》后感到吃惊的是，在 1973 年的第一次石油危机到来之前，经济学家并没有注意到能源消费与经济增长的关系。制作有关能源消费与经济增长的理论公式并进行研究的是德国的物理学家。

限：就是说是搞理科的人吧。

养老：是的。所以，我觉得在把学问分为文科与理科的状况下，搞学问的日本年轻人很值得同情。这不是说他们的坏话啊。如没有自然科学的验证，不管怎么搞经济学，那都只是玩文字游戏。虽然使用文字能使任何数据无限旋转下去，但是最终只会在原地不停旋转，而不会向前解决问题。

限：有人担心经济全球化不正是文字游戏的结局吗？由于全球化，金融资本与产业资本的界限消失，建筑这一产业资本世界被与金融资本现实脱节的领域里的计算结果所捉弄。其结果，世界上景致虚拟、令人恐惧的城市在不断增加。

养老：街上漫步的乐趣就是去嘈杂的胡同里看看，办完事情顺便到隔壁的店里瞅瞅吧。可是，现在东京的高楼林立街区完全让人提不起情绪。东京车站新的地下街也不想进去。虽说全都是商店，但感觉与商店街相差甚远。不知什么明晃晃的，景致毫无生机。

头目画的线条有分量

养老：研究俄罗斯社会论的袴田茂树先生说过一件有趣的事儿。在俄罗斯的圣彼得堡有一条沙皇修建的笔直的道路，那条道路只有一处弯曲。听说沙皇在画线命令要这样修路时，手碰到弓还是什么东西弯曲了一下，道路就变成那个样子了（笑）。隈先生有过那种事吗？

隈：的确是俄罗斯式的笑话啊。虽然没有在与俄罗斯沙皇相同情况下设计过建筑，但是，我在设计时尽量不自己画图。

养老：哦，那为什么？

限：线条的分量沉甸甸的，令人恐惧。我不经意画的线条，站在职员的立场上来看，必须尊重头儿画的线条。画线条时，虽与刚才的弓的故事无关，但实际上经常会不经意画弯曲了。

养老：果然如此（笑）。

限：五六个人围绕一个主题形象边交流边设计对我来说最为喜欢。我嘴里说："就是这种感觉。"看到职员画好线条，"对，就这样""这里再画一下"等，我的做法就是这样缓慢地重复会话。

养老：话虽那么说，但是如果不画线就成不了设计图吧。

限：线总是要画的。不过，自己冷不丁地画了线，虽不是皇帝的指示，但也是绝对的。

养老：限先生的做法，与其他建筑师也一样吗？

限：不，也有"专家风度"的人让职员拿来漂亮的纸与笔记工具，指示他们“要这样画”。

养老：如此一来，那现场岂不是很呆板啊。

隈：有许多大师的逸闻和传说，说他们不容对方分说，做出指示后就消失得无影无踪。也有的本人很少去现场，去的时候让全体职员和施工人员列队欢迎，否则会不高兴的。某位大师的事务所不是为客户，而是单纯为自己公司举办内部说明会，职员们花费了很多劳力和时间使其名声大振。在给客户展示之前，如果不首先得到大师的许可，便无法进行下去。我讨厌这种无聊的做法。在医务界不也是经常发生吗？

养老：我本来就特别讨厌你说的那些。我所选择的基础医学和解剖学，与此没有任何关系。我的老师说过“《白色巨塔》都是假的”，可是他当上医学系主任后不久却说：“那些果然都是真的啊（笑）。”

隈：是啊，即使建筑界里传说的泰斗，在几十亿、几百亿日元运转的金钱世界里，也需要非常大的决断力，所以也许有必要给予他权威性。人被过于休闲的人随意命令是不会服从吧。在出主意时则另当别论，但对老客户说“这方案是闲聊时做成的”之类的话，是难以令人接受的。

养老：那是金钱难以买到的呀。在医学界与此相似的是边做手术边开玩笑，引起患者发怒吧。对患者来说也许不喜欢，但是做手术异常紧张，所以为缓解紧张情绪，在能开句玩笑的情况下做手术还是不错的。

限：听到了有趣的事情。

养老：人们深信日本人做事认真，所以举止僵硬、表情凝重地做手术才是对的。那是大错特错，如果那样反而是很危险的。

巧妙退让能成就好事

限：建筑的客户说起来同患者一样，既有期望等级制度的人，也有期望平等关系的人，交流方式因人而异吧。比如，即使是公共建筑物，也有像县长那样的重要人物客户吧。所谓设计，就是客户与我们的共同工作，对方如果是某种希望象征主义的人，那不管我如何讲“负建筑”，如何讲建造与周围环境融合的建筑，都无济于事。此时，就应该采取退让一步成全某种象征主义的做法。

养老：在隈先生的“负建筑”里，那种独具匠心的设计到处可见，很有意思。

隈：总之，就是说如果不巧妙退让最终就不会出现好作品。我认为了解对方按对方的要求进行设计，是我工作中最重要的事情。这职业不是单纯的建筑技术，而是要相当具备观察人的眼力。

养老：听了你的话让人感动不已。无论什么工作基本上都一样啊。

隈：以尸体为对象的解剖工作也是如此吗？

养老：的确如此。但是，尸体也各不相同啊。有老翁、老妪，也有年轻人吧。你要与那些尸体接触段时间，而且是肉体上的接触。你脑子要不断地想，他们生前都是些怎样的人？

隈：感到故人是共事者吗？

养老：是那样的呀。对我来说，每天都要见面，在此种意义上来说，他们都是活着的人。

隈：您不了解他们生前的履历吧。

养老：全然不知，而且他们一言不发，全听我说，任凭我做，是非常特殊的体验啊。我认为这是他人绝对无法理解的感觉啊。比如，我讨厌解剖手。

隈：是手吗？

养老：也讨厌解剖眼睛，但最讨厌解剖手。我们是光着手来做，所以作为工作，首先要用自己的手接触死人的手。我想那是非常特殊的感觉。如果对方是男人，我是不会解剖的。即便是女性，我一般也不会做。哎，不管是男人女人，我握手后就逃之夭夭。只要我活着，那种感觉就一直陪伴着我做解剖。

隈：就是说在身体中，手有着不同寻常的意义吧。

养老：是的。所以我经常在解剖手时挑选时间，重新全身心投入工作。不过，自己到了某种年龄，在忙碌中解剖手时，突然发现自己以一种普通的感觉在拿着对方的手。以前那种不适之感不知何时消失了。

隈：是习惯了吗？

养老：是的。所以我不再做解剖了。感觉对方与自己相同，是因为失去了客观性。

以后我改做昆虫研究了，昆虫与人大相径庭啊（笑）。

隈：其实我手上有手术后的疤痕。

养老：是受伤了吗？

隈：是的。我把右手放在玻璃台子上，玻璃台子碎了，那时我的手腕内侧被玻璃划伤筋和神经，除了动脉以外都被割断，被送进医院急救，但第一次手术好像把筋接错了，无法活动。在这种不好的情况下，又去了别的医生那里，说是食指与中指的筋接反了，又做了一次手术重新接上。尽管这样也没有好好进行康复训练，恢复得不太好。

养老：那真吃了苦头啊。

隈：那时我对人体的认识有所改变了。人的身体是这样脆弱吗？是在非常微妙的平衡上组成的啊。我现在右手的指尖没什么感觉。我是右撇子，不做素描也有受伤的原因。以前，我素描非常拿手，不能画了之后，我想要好好利用一下右手的不便之处。

养老：那次受伤是因为太累了吧。一般造成那种受伤的情况都处在与平常不同的状态下。不够小心，总之有点急躁。

隈：的确如此。当时我正好在做演讲会的准备，幻灯片搜集不全，内心很急。想把对面箱子上的幻灯片拿过来，就把手按在玻璃上了。的确，我的状态有些急躁，一下子把身体重量全部压了上去。平常我都是小心移动身体的，当时我把手按在玻璃中心一使劲，瞬间玻璃“咔嚓”一声就破碎了。

养老：现在不是产品责任法的时代吗?

隈：那因为是我自己设计的桌子啊（笑）。自己制作了桌子腿，只是把玻璃板放到上面，所以是自作自受。

养老：哎呀!

隈：我认为要设计城市建筑，也包含自己体验过的痛苦，身体的感觉绝对重要。比如，超高层大楼地基非常重要。本来日本人就对脚下的感觉非常敏感，能察觉到1厘米的高低之差，所以榻榻米的铺法非常讲究。在建筑中建造日式房屋时，为了设计榻榻米的铺法几乎都要画平面图。如定下榻榻米如何铺设，平面也能自动定好，顶梁柱的立法同样也能定好。

这与西式建筑完全不同。

养老：的确如此。

隈：日本的榻榻米体系，是设计标准平面的方便工具，哪怕你没有接受过建筑方面的教育，或不习惯建造房屋，如果能计划好榻榻米的铺设，那建筑物必要的顺序就能自动生成。榻榻米的结构就是这样好，所以我认为还是特别要从脚下考虑。

人类大脑模仿了计算机

养老：在现在的建筑和汽车等工业产品现场，计算机辅助设计和计算机图形学等使计算机的作用不断增强吧。它所带来的影响有多大呢？

隈：影响非常大。最大的问题是在设计建筑时，大脑会沿袭计算机辅助设计的步骤吧。那让人觉得很有危机感。要说我们受教育学到的建筑设计的基本是什么？唯有造型。就是说，制作三维的立体模型，再在上面蒙上材料的方法。这虽有些复杂，但是计算机辅助设计基本上就是沿袭造型这一方法，而且还有进一步强化的倾向，所以很危险。

养老：人类被计算机牵着鼻子走吧。

隈：的确如此。设计人员的大脑模仿计算机辅助设计。用手工制作的立体模型的造型非常原始幼稚，但是计算机辅助设计不是用手，而是先用大脑模仿计算机的设计。

养老：那与使用PPT进行说明会弄错工作效率和规划很相似吧。使用PPT会养成依赖它进行思考的毛病，所以听说每个公司的规划都很相似。

隈：说实话混凝土建筑物的建造方法正是如此。混凝土建筑是什么？直截了当地说，那就是“造型”和“材质贴图”。总之，如同造型一样，用混凝土制作形状，然后作为材质，贴上塑料布、薄石板、木板就算完事。用计算机辅助设计进行造型时，粘贴材料的厚度在画面上反映不出来。计算机辅助设计的绘图方法只是给形状和材质下定义。最适合那种做法的其实就是混凝土建筑，除此以外的建筑越来越难做了。

养老：有的建筑师像隈先生那样，是能自我意识到计算机辅助设计的危险性，也有建筑师意识不到吧。

隈：是的。比如，这是木结构建筑，是用计算机辅助，用完全不同的操作系统来设计的。木结构的东西特别难，所以即使命令计算机画图，也不能完成得很出色。我本人第一次在被命令设计木结构建筑时，害怕得要命，无法画图。

养老：害怕什么呢?

隈：木结构建筑单单框架就不像混凝土那样简单浇灌成型。它的中间有空隙，给人一种透明的感觉，觉得封闭的东西无法制作。另一方面，混凝土呢，只要适当地画一下曲线，以后只需往曲线内侧浇灌混凝土即可，所以封闭的东西能自动形成。混凝土密封性与水密性良好，也能完全隔音，但木结构建筑全都“嗖嗖”地透风，这一点很可拍。

养老：出现伪造耐震强度的事情时，我也听说其实没有人会计算木结构建筑的构造。

隈：是的，计算相当复杂。因此，放弃计算，说是经验上不会出差错，在某种意义上这是一个豁达的世界。

养老：“想方设法”得到了极度洗练吧。可是，如此下去能建造木结构建筑的人就会消失的呀。典型的例子就是寺庙。镰仓的建长寺在建成700年后被混凝土取而代之了呀。

隈：建长寺变成混凝土的了吗？

养老：是的，建长寺的正殿变成混凝土的了。要说为什么？说是用木结构违反建筑基准法。

隈：如不想方设法继承传统的施工方法，那木结构这一文化遗产将会消失的。

养老：伦敦的维斯特敏斯特宫（英国议会大厦）巨大的拱形结构也全部是使用橡木建成的木结构建筑，听说用最先进的技术理论也无法搞明白是如何建造的啊。

隈：说是搞不懂吗？大概是无法正确分析力的分配吧。

养老：进一步说，人的身体本来就是弄不明白的。我们从高处"砰"的一下跳下来，或身负重物时，关节要吃力的吧。那瞬间的力量非常大，不知是如何承受的。

隈：力学的结构实在是弄不明白啊。

养老：要说为什么？这是因为力学这一基本学问被认为是过时了吧。如果是时髦的学问，将不会成为问题，会将粒子等作为最先进的东西进行研究。可是，最简单最普通的力学构造，却出乎意料地没有解释清楚啊。

隈：飞机为什么会飞，也是没有解释清楚吧。只知道经验。

养老：生物的构造与建筑物很相似。总之，就是以最低限度的材料发挥最大的强度。骨骼是最重要的，实际上，大腿骨的“骨梁”正是起着桥梁的作用啊。发现人的大腿骨力学原理的是瑞士的一个名叫迈尔的搞桥梁设计的工学系的人。听说他去听解剖课，那里经常放有切成一半的骨头标本，他看到骨头的构造发觉这不是与自己搞的桥梁一样吗？在制造桥梁时，必须要以最低限度的材料发挥最大的强度。

隈：人的大脑所寻求的答案早就存在于人的体内吧。

养老：有许多事情都是在不知不觉中形成的啊。隈先生在设计建筑时，虽没有力学上的证明，但是凭借敏锐的视觉去观察，结果有没有发现在力学上最为均衡的呢？

隈：在各种尝试中，也许已经接近了答案，但是，还不能说比较明显。说是要模仿生物，可不是那么简单。黑川纪章先生在他的作品中说模仿过生物所具有的曲线，其实那是非常不合理的，成本太高。是否超出预算啦、有无法律上的限制啦，在考虑各种现实的情况下，接近最正确答案的做法就是接近生物的真实状态。这才是根本的过程。

样板房的图形学是骗人的

养老：隈先生设计的建筑有很多都是与周围景色融为一体的，那你是如何计算的呢？比如，像“水／玻璃”（静冈县热海市）那样，屋外露台上薄薄一层的水似乎与太平洋连为一体，那纤巧优美的景致你是如何使之成为现实的？

隈：那实际上是我思考的结果。我站在施工现场努力在想水怎样才能与大海连接起来。建筑如果自己不实际亲临现场确认，是绝对搞不懂的，而计算机只能帮上一点忙。

养老：那在图纸上不能确认吗？

隈：不用原寸模型确认终究不行啊。在我的事务所里到处堆放着进行原寸确认时使用过的建筑材料的碎片和一些奇特的东西。

养老：在想象生物时，原寸的感觉确实也很重要。比如，大象的心脏与老鼠的心脏构造不同，按原物缩小是无法工作的。只是人类想把一个模特单纯地扩大或缩小。如果扩大老鼠的心脏，那么身体不也变得如同大象那样庞大吗？可是，那纯粹是妄想，不是开玩笑。老鼠的心脏小所以能持久，如果扩大后，自重就会把自己压垮。

隈：的确，在建筑上也有人认为用图纸可以进行验证。最初设计时大致以二百分之一的比例开始画图，以五十分之一的比例书写详情，这属于讨论得十分细致的门类。可是，话虽那么说，也只不过是五十分之一。从那里体现不出真实感。所以在我的事务所里，不断地按照原寸制作并确认在这里很难弄清楚的东西。图纸与现实绝对不一样啊。

养老：是理论上最容易搞错的地方吧。

隈：就是说，重要的是比例感。比例给予人体的信息量非常惊人。

古希腊人十分了解这一点。希腊巴台农神庙的环列圆柱的间隔和直径，实际上每根都不一样。不是等间隔并列，最外侧两根圆柱的间隔比其他柱子的间隔要大一些，否则看起来要小的。再就是两侧的柱子稍微粗一些，否则受到空气侵蚀，四周要变细的，这些他们都知道。古希腊人能很好地掌握在理论上追求纯粹的几何学精神与超越理论的通俗经验之间的平衡。到了古罗马时代，理论先行，也就是说大脑先进行思维，体感的平衡感消失了。

养老：作为建筑师，你觉得希腊建筑比罗马建筑美吗？

隈：是的。体感计算周密，处理得非常细腻。

养老：最近在高级公寓的样板间，用电脑图形展示了建筑物效果图和室外风景，以及车站的景观。我怀疑是真的吗？

隈：那完全是骗人的。因为实际的体感与计算机图像不同。比起计算机图像来，哪怕是再小的东西，你认真摆好模型就会看得很明白。即便是窗外的风景，用三次元来再现还能看得懂。可以这样认为，图像与人的实际感觉完全不同。

养老：那只是从一个角度看到的吧。图像不能模仿人类眼睛的构造啊，它只是随意定下一个视点。二次元计算机图像总之与摄像机一样吧，因为摄像机有视野限制，人类的眼睛则没有。而且，你也许没有意识到，人类的眼睛在不停地转动。这是应知的。哎，大家会真的这么想吗？计算机图像就是实际从高级公寓往外看到的风景。

隈：销售技术在日本得到异常提高。特别是高级公寓，价格与记号全都变为成套的字母，买房人只需不断挑选即可。输入自己的经济实力、家庭成员和年龄，字母就会点亮，真是凄凉世界。

养老：我无论如何都想接触大地。如果让我来说，我要说，全体日本人的身体感觉和别的什么都变得不正常了啊。

设计感觉就是经济观念

养老：反之，隈先生在心里描绘的理想的高级公寓、理想的城市形象存在吗？假如这一切都能由自己自由设计的话。

隈：我有职业病，经济观念异常敏感，所以想象不好（笑）。设计那个需要一千五百万日元啦，设计这个需要一亿五百万日元啦，总也离不开计算。所以，“如果金钱可以随意使用”“如果是东京的国王的话”这些前提条件，对我来说还缺乏现实性，我不会沉浸在幻想中。

不过，经济观念是很重要的。归根到底，所谓的设计感觉就是经济观念。使用多少钱的问题，都与能源消费有关。

养老：这个问题最好还是去问一下森稔先生（森大厦社长兼会长）那样的人（笑）。

隈：森稔先生建成六本木新城就是很有经济观念。他是幻想家，同时又是非常现实的实务家。新城的超高层大厦的设计也贯穿着经济观念啊。说实话，大厦银色的外墙并不是铝合金的。一般情况下要使用铝合金，但新城的建筑物是在工厂做好的水泥预制件上涂上银色涂料。

养老：是吗？

隈：如何让涂料看上去像是铝合金，这方面做了深入研究，目的是为了降低成本。如没有这些铺垫，巨大梦想是实现不了的。我以前一直认为经济观念只是贫困性的别称，但其本质却是合理性的。从其合理性上去思考能源问题和地球环境问题，其实非常重要。我的看法改变了。

如同养老先生所说，经济与能源消费有密切关系，但是一直到某个时期经济学家却不明白此事。知道事实后再重新考虑城市与建筑，就会发现以前未能发现的问题。总之，要从贫困性的观点出发去考虑所有的经济政策与城市政策。我如果是国王，会重新认识那些的（笑）。

养老：的确，是经济观念啊。你以前设想过的东京街道的设计方案，现在什么地方成本变高了呢？

隈：经济价值只是在文科理论中得以确认。比如讴歌“生态”啦、“健康和可持续的生活方式”啦，其实很多事情都非常浪费资源。借大义名分使用时下流行语，其实却在做不合理的事情，这类例子在城市里比比皆是。我认为我的工作就是认真地指出那些不合理处。可是，现实是在很多情况下，对于那些只会用头脑思考的文科人们的幻想，建筑师大都表示赞同并且去做，所以很为难。恭维那些文科的人就会得到资金，这更使我为难。

养老：生态、二氧化碳的问题只不过是文科的理论啊。

限：我的感觉是，现在经常说的“都市繁华”实际上也是设计者和顾问们编造理由花费巨资乱做一气，好不容易才聚集起几个人来。即使不花钱也能出现的“繁华”虽然也有很多，但是“创造繁华”的商机刚一出现，拿我们建筑师的常识来说，就是那种很不正常的资金使用情况变得无所谓了。

简而言之，以文科观念来思考城市建设人的大脑里没有经济观念和能源观念。

养老：这是智力问题啊。

限：负责城市规划的人们是放弃了思考呢，或是只受大脑支配。设计者和顾问给他们看计算机图像说“要变得如此繁华”时，他们马上就说：“好的，就这么定了。”他们只会用脑袋思考繁华与人们的生活。

养老：同样属于智力问题的超高层大楼的建设热要在何处止步呢?

隈：东京因超高层开发越发令人窒息。我在第1章里说过，建设业与政治家和顾问成了朋友，开发得以持续下去，但也不是那么悲观。如果真的感到窒息那就适可而止。我乐观地认为，不久就会出现想接触大地的人吧。因为日本人对自然所持有的感觉还是非常强烈的。

第 6 章 | 鼓励参勤交代

不看地上看地下

养老：至此与隈先生谈了很多。首先作为当前的问题，必须考虑在东日本大地震的受灾地区，要建设什么样的城镇，有什么想法吗？

隈：如同在此对谈中与养老先生谈过的，不是一切都要千篇一律地整治，而是要根据每个地方的条件来“想方设法”，这是我的基本想法。

养老：我认为“想方设法”对日本人今后的生活方式至关重要吧。

隈：但是，仅仅那样的话，作为建筑师来说，我感到有些不负责任（笑），作为地震灾后对策，我想说利用地下的可能性。

养老：那可没有人提及过吧。

隈：是的。没有人说过，这正是个盲点。但是，仔细想一想，在这次海啸中，地下空间没有受到损害呀。只要做好防水，地下的建筑是能抵御海啸的。比如，地铁使用了挡水板等各种防水技术。它们的作用这次得到了验证。但是，大家都想对付海啸的高度，所以理论上失败了。说防波堤“设想 5 米太乐观了”“如果那样就改为 10 米”“如果还不行就 15 米”，这样不断加高，而实现的可能性却不断变小。有人提出这样的对策：如果那样，在建筑物下面支撑上细细的桩基，将其抬高到离地面 10 米的位置上。可是，那 10 米桩基的空间最终将无法利用。

养老：假如建筑物下面有 10 米的空间，是不会成为街道的吧。

隈：以前，丹下健三先生的弟子们曾亲手制定了“坂出人造土地”的规划。在香川县坂出市内制作用桩基抬高的人工地面，再在上面建造建筑物，制造理想都市，在桩基下面开通公共交通。丹下先生一派一时也信奉 20 世纪初勒·柯布西耶在巴黎描绘的“光辉的都市”吧。现在去坂出人造土地那里一看，桩基下面大家都随意建造了些仓库什么的，搞得很惨。谁都想住在真正的地面上，而不想住在人造地面上面啊。以人造地面引以为自豪的只是建筑师与大型综合建筑公司。

养老：是的。

隈：所以，想向上发展的对策失败了啊。于是就瞄准了地下。这还未对任何人讲，正在与构造设计师一起斟酌方案。

养老：很有意思啊。

隈：水流在表层有很强的力量，但是在水中和水底，即便是海啸时力量也并不太大。在这次海啸中，海底的贝类并没有全部被卷走。我们没必要在无处逃生的平地上修建那么多类似避难塔的东西，在地下建造像避难所那样的设备如何呢。只是作为发生海啸和灾害时的临时避难所，平时那里可以不住人。地面上的街道遭到某种程度的破坏，我们毫无办法，但人的生命要用地下避难所来拯救吧。这就是我的“想方设法”的智慧之一。

“强度”与“绝对”是错误导向

养老：听到那些使我想起来，海岸上也有虫子栖息吧。发生海啸时,要说那些虫子们怎么了,还活得好好的呀。想一想看,都潜了下去吧。

隈：是潜入水中吗?

养老：水里和地下吧。比如，栖息在沙丘里的班螯会挖数十厘米深的洞穴钻在里面。大概是在发生某种危险时就会挖洞穴吧。但是，如果洞穴太大，沙土就会坍塌，所以躲在刚能容身的狭小的洞穴里保护自己。刚才隈先生所说的也是如此吧。作为最初的避难场所，建造紧急避难处，海啸过去后再转移到避难所去吧。

隈：大家都老是盯着上面，今后往下看看如何呢？如果有人看到我们的对谈，委托我的话，我想我一定接受（笑）。当然，那不是千篇一律的解决方案，需要验证“此处是否可以在地下建造”。

养老：震灾发生前，修建防波堤、防潮堤花费了很多钱吧。如果花费那么多的钱，好像也可以做一些其他的漂亮事吧。

隈：实际上植树做防波堤是可行的。松树的根扎得不深不起作用，但如果用根扎得深的阔叶树的树木做防波堤，波浪的减弱效果与混凝土防波堤相比要高得多。混凝土防波堤会把波浪顶回去，波及别处，有时反而会增强波浪。

养老：是的。有时这种增强的波浪带来的危害是很大的。

限：搞土木工程的人是想用混凝土做防波堤的啊。那是因为混凝土的强度最容易计算出来。

养老：不是“想方设法”，而是追求绝对吧。这样说来，我现在害怕的是与核电站有关的事，反对核发电的呼声日益高涨，专家与技术人员在不断减少。其结果就像东海村 JCO 公司发生的原子能事故一样，还要出现因管理松懈发生的悲剧，这是最可怕的。因为即便是全部停止原子能发电，也需要 30 多年的时间来处理后事。所以，必须要“想方设法”。比如，浜岗核电站虽然停止发电了，但是假如那里发生海啸，带来的危害将无法挽回。所以，即使关闭核电站也不可能立即百分之百地的全部撤走吧。

限：作为养老先生的感触，您认为有替代能源的可能性吗?

养老：我说过多次即使使用替代能源也是同样的。冷静思考一下，归根到底没有比石油更好的。所以，应该思索这个问题，人类为何如此使用能源？其答案我流之辈也是有的。

认可“限界集落”[1]的生活方式

隈：那是什么呢？

养老：那是人的意识啊。以冷暖气为例，通常可以认为人因寒冷而取暖、因热而降温。这被称之为机能论，但是，实际并非如此。穷究人们使用冷暖气的理由，是因为人的意识上要求气温均衡的秩序。总之，人们热也罢，冷也罢都要使用能源。想使气温保持不变，追求的是那样的秩序。

隈：确实如此。我的事务所也是一年到头开着冷气或暖风，所以我发怒说“太浪费了”。

养老：要说那种秩序在 20 世纪是如何采用的呢？那是因为把石油这一分子搞得七零八落，加大了无秩序。秩序里总有无秩序的熵，这样才合乎逻辑。在都市里生活的人们，脑子

① “限界集落”，是指 65 岁以上的老人占村落的半数以上，是面临婚丧嫁娶、修缮道路等社会共同问题、生活很难维持的村落。

里想的是秩序，追求的是秩序，但是，他们应该认识到秩序必定伴随着无秩序。为此，必须首先意识到自己所追求的是秩序。其次，必须考虑秩序是那么希望得到的吗？

隈：在赈灾重建中，除了海啸对策、核电站对策之外，还有另一个课题就是社区的修复。那里也有秩序的强迫观念。

养老：在NHK的一个节目里，提到了冈山只有老年人的限界集落。全是75岁以上的老年人居住的村庄，在冈山有720多个。

隈：有那么多吗？

养老：是的。因此我想，有720个限界集落，可见那里是多么适宜居住的好地方啊。

隈：您那么认为吗？我也赞成。

养老：媒体和周围的人们都说净是些老年人怪可怜的，但是，那只不过是随意的解释。说的是 3 个 70 多岁的老奶奶在梯田里耕作收获了芋头送给孩子们。我想，把限界集落视为问题之前为什么不奖励那样的生活方式呢。

隈：那正是日本老年人的力量。因为他们一直“想方设法”地生活着。所以，关于社区的复苏要重视不受秩序约束的方法啊。

养老：大家都很贫穷，过着同样平等的生活非常安乐。战后整个日本都是这样吧。所以，应该重新认识限界集落的生活方式。听说在受灾地区的避难所里，有人习惯了那里的生活不想离开，那也是限界集落，待在那里有与自己情况相同的伙伴，也许会感到比以前要热闹得多。

隈：与其说限界集落，不如说他们把避难所当做舒适的居所来居住了。这正是“想方设法”的城市规划（笑）。日本人还是喜欢这种松弛啊。其实，不仅日本人，大部分人基本上都是被动型的，主动活动的人都是相当怪的人啊。

养老：所谓被动型就是接收到什么后如何做出反应的吧。

限：所以人在接收到什么时，会开动脑筋想办法解决各种问题。实际上，日本已经进入超高龄化社会，过不了多久，整个日本都是限界集落了。

养老：所以随它便好了。为什么特别把这当成问题来看呢？现在不也有许多老年人，他们各自生活着嘛。

限：关于对高龄化社会持消极态度的意识，这是因为年轻人被认为是社会的中心。20 世纪美国式的社会体系也已被纳入日本。明显的例子就是住房贷款，让年轻人背上住房贷款，一直让他们工作下去，最后将他们丢弃的社会体系正是 20 世纪美国的发明。

养老：所以，应该解决的问题不是老龄化，而是有无老年人能够相聚的地方。可是，我想人口过疏化也是没办法的事情。这不只限于受害地区啊。全体日本人应该像冈山梯田里的老太太们那样，给后代留下在自然环境中巧妙生存的智慧。

隈：在人的大脑里思考过的聚会空间和社区空间差不多都以失败告终吧。即便是用大脑思考，社区也不是那么容易做好的。在以前的公团住宅，设计者装好人特意建造了聚会场所，但结果只是在葬礼时使用，平常则总是搁置不用。

养老：在隈先生的著作《新 · 村论 TOKYO》中，提到了下北泽和高元寺吧。那怎么想也不会认为是专业人士设计的吧。我认为即便在城市里，社区也是自然形成的。

隈：说到社区的形成，即便是与开发商那样的现有大主体联合起来做，也还是做不好。在此对谈中我说了不少了，他们只为既得利益而动，所以想把规划做大，不能期待他们。反之，如今在不动产和建筑的周围，出现了有趣的动向，就是想从身边的社区来获得利益。比如，只在城市附近建造共用住宅公寓的房产商啦、不建造新房而致力于房屋修理的开发商啦，总之他们把“想方设法”作为新观念来赚些小钱。我认为，历来战后体系的建设业和与开发商身处不同立场的人们，与对大项目不感兴趣的设计师携手合作的话，就会在受灾地区干出感人的“想方设法”的事情来。

贫民窟确实有趣

养老：我读过以印度的孟买为背景的很有趣的小说《项塔兰》。在孟买有家大企业想建造高层大楼，需要工人，在印度企业必须为工人提供住房。因此，当然要搭建临时住房，印度人便携家带口来到建筑工地。

隈：不是一个人出来挣钱啊。

养老：有女人和孩子也参加的工程是印度的特征吧。但是，在不丹道路工程的施工现场只有成年男子啊。可在印度则是全家一起出动，而且，施工现场旁边必定建有窝棚。这样一来，窝棚外面出现了向他们卖货的商店，一下子就形成了贫民窟。如果高层大楼要建造 5 年，其周围就变成了贫民窟吧。

隈：勒 · 柯布西耶设计了印度昌迪加尔省的省会新城市，但旁边出现了贫民窟，那里很有意思。为巴西首都规划建造的巴西利亚附近出现的贫民窟就很酷。

养老：一般都说城市是中心，贫民窟是附属，其实并非如此啊。那如同寺庙、神社一样，里面空空如也，周围人口众多啊。

隈：贫民窟将成为城市规划和重建计划的核心，这是应该进一步讨论的好想法。在日本的临时住宅里，大家都满不在乎地在墙壁上凿洞。居住在那里的人们可以不断随意改造。

养老：贫民窟的有趣之处就在于此，但现在同时对城市防灾提出要求了吧。说城市建设要两者兼顾，不可能做到吧。

隈：能够做到。现在已经能够提供各种建筑知识与技术。日本也掌握了低价格高性能的住宅用防震减震技术，也开发了不燃木材。不过最初价格高一些，但一定会成为像关东大地震后，作为混凝土住宅重建的同润会公寓一样，有些豪华感觉的住房吧。

养老：不仅亚洲，即使在美国和欧洲也有像贫民窟那样的地方吧？

限：在美国人们向往那种地方啊。现在美国的波特兰特别引人注目。据说那里是美国最欧式的城市。实地调查了一下，它的街区大小是其他大城市的一半。比如，纽约街区的大小是60米至80米。为计算方便，巴西利亚是100米，但是波特兰的街区只有纽约的一半，是30至40米。街区规模缩小了，气氛却全然不同，展现出温柔的一面，让人想漫步其中。

养老：日本更小啊。看看古时候东京的地图就会明白。日本桥蛎殻町、麻布笄町啦，到处都是密密麻麻的住家。在日本，那是考虑衡量建筑以人为本时的最低单位。希望受灾地区也要考虑符合日本人的尺度啊。

乌托邦幻想无助于灾后重建

限：养老先生主张也应该让现代的日本人复活“参勤交代”。我想那个想法不是与赈灾重建有关系吗?

养老：所以有钱人、显要人物自古就有别墅吧。如果把人口过疏和老龄化视为问题，我想为何不把那习惯一般化呢？别墅不是什么特权，全体日本人要是都有该多好啊。可是，真要说出口，定会招来非议被说是“奢侈”。

隈：比如，如果在东北建造志愿者城，改变税制的话，就可以重建灾区并且创造出新的生活方式。如果能在灾区边做志愿者，边利用空闲时间在大自然中尽情享受，那在城市劳动中疲惫的人们也能重建自我。此时最大的障碍是资金问题，一般日本人真的能负担得起那种生活方式的费用吗？可是，如果国家和地方公共团体关注此事，那会有不花钱的解决办法。

养老：可是，不会有这种事吧。

隈：仙台出台了计划，要建造大规模的品牌市区，并以此为据点网络连接到全国。可是，作为我个人来说并不太想去那种地方。

养老：如此说来，感觉是否像全国千篇一律的新干线车站。

隈：我们需要的不是“新干线车站”型的开发，而是如何将城市与人口过疏结合起来。不需花费太多的钱财也能将此活动搞好。

养老：是的。人口过疏的地方最需要的是什么？是人啊。在人口过疏的地区生活的老爷爷、老奶奶需要的是城里人到他们那里去。

隈：对于将人口过疏地区和城市连接起来这一命题，如果现在大家用十年如一日建造崭新城市的乌托邦式的想法来回答，就会出现“没有钱无法实现”的尴尬局面。将乌托邦幻想适用于灾后重建最不可取。

养老：如同刚才话题中谈及的波兰的城市规划，以人为本的城市建设对任何人来说都是舒适的，但实际想做时为何要进行大规模开发呀？

隈：那还是因为与资金周转有关吧。如编造东京大型综合建筑公司负责的大规模开发，资金周转效率便可提高。

养老：那的确与核电站建设同出一辙啊。

隈：以前建有核电站的某个地区曾对我说想建文化设施请你来一趟，可我感到很不正常。首先是预算金额高得离谱，城镇里是否真的需要文化设施之类的话题被搁置一边。我觉得还是别与此事牵扯为好。关于核电站，只能用如此方式来推动吗？我认为从规划当初，这奇怪的体系就开始运转了。

养老：如果转动巨大物体，雇用人手便可得以确保，个人、社会、组织等一切都可以进入体系中吧。

隈：有关那个体系是有历史背景的。从 19 世纪末至 20 世纪，如何应付人口增加是世界每个城市的最大课题。社会主义也作为对此课题的一个解答登上舞台，建成了苏维埃式的公共住宅。战后，模仿苏维埃式最好的是日本的住宅公团。

养老：有个词几乎被忘却，就是“全综”，即全国综合开发规划。此规划建造了多摩新城、千里新城等。共搞了多少次来着？

隈：有 5 次吧。我的评价是，那时“全综”对未来的展望是高速增长，对未来发展还有意识。但是现在呢，它的发展意志从官僚世界里消失了，只剩下体系还在运转。要说这是为何？因为现在已成为这样一个时代，如果提到“未来”，就会备受社会冷眼，“你傻吗”，而遭受责难。那仅存的一点东西短期内还能应付一下。脱高速成长则成为临时应付的最坏事态。虽然不是养老先生所讲的欧洲贵族院的事，但如不考虑未来，则无法描绘国家的宏图。但是，说到底考虑长久的未来是国家的职责。

养老：日本已陷入短期程序主义里了吧。所谓程序主义非常稳定，在体系中最为优秀。仅按程序主义做，虽能看清道路往前走，但最终不知会走向何方。我们虽然知道这条道路安全，确实可行，但还是会说，我们究竟要去何处啊？

隈：正在朝最危险的方向前进（笑）。

养老：我觉得日本人正走在这条道路上。

教育是让不适合的人放弃

隈：现在的年轻人看上去非常时髦。可是，我在大学教书时深切地感到适合搞建筑的人不是很多啊。

养老：学生也发生变化了吗?

隈：即便是建筑学科的学生也不自己绘画了，他们感到难为情（笑）。

养老：是为把自我表现的事情搞得一塌糊涂而难为情吗?

隈：因为画好后一定会被老师说些什么吧。可是，现在的学生绝对不想被老师说："你这里画得有些不对。"他们特讨厌被否定（笑）。所以，他们一开始就画些无聊的画，回避所有的批评。

养老：隈先生真对学生那么说吗?

隈：是因为也有人提意见说，建筑教育中最重要的是让不适合的学生尽早放弃（笑）。

养老：医学界也是同样啊。

隈：的确如此（笑）。

养老：国家现在的医疗制度是按效益支付工资，所以有些原本应该放弃的医生还在继续工作，有些原本应该放弃治疗的对象还在继续着医疗行为。这是很严重的事情啊。患者则要忍耐一辈子，直到死亡。

隈："想方设法"这一方法论被排除掉了吧。

养老：我听说之后才注意到，但是想一想看，建筑师就是一个偏离社会的职业啊。我所说的意思是，建筑师不是工薪阶层，在当今日本不是工薪阶层的人很少啊。

隈：即使是建筑师，有作为公司职员的，属于"某某设计”“某某建设”等社会组织的人，也有像我一样自己干的人，我们全然不同。

养老：是那样吧。

隈：并不是说有无创造性，而是承担的责任完全不同。设计的工程出了问题，被追究起责任来，对设计人员来说真的很可怕。比如，自己设计的建筑物如果漏雨，那你就无法继续干下去了。所以都变得非常神经质。反之，像我这样以个人名义做的建筑师，即使有点小小的失败，大可不必担心失去职务啦，成功之路被毁啦（笑）。因为本来就没有职务嘛（笑）。如果你的设计稍微有些与众不同，漏雨的概率会增加，被人指责说不好使的概率也会增加，但是责任由自己承担。事前不承担风险与承担风险的人心理状态差别非常大。

养老：日本的建筑业界是哪种心理状态啊？虽然没有必要问（笑）。

隈：工薪阶层的建筑师压倒多数，这在世界上，日本也是少有的异常的国家。在欧洲根本就没有什么大的设计公司，基本上都是以个人名义竞争的工作室。这样的工作室从工业建筑到文化设施，不管什么都是通过公开征集竞争来招揽工作。可是，只有日本社会九成以上的设计人员都是公司职员。这种人来设计建造城市，却只能建造些无用的垃圾，这对国家的将来是个很大的问题。

养老：所以，最近镰仓也越来越不好住了。日本全国到处都建了能维持工薪阶层地位的城市，而不是自己作为生活者感觉舒适的城市。

隈：即使地面因地震液状化，那也不是公司的责任，所以不知该由谁承担责任。在这一问题上，美国要好一些，规定要求美国的设计事务所一定要以个人名字命名。不是什么“美国设计”之类名字的事务所，而是一定像“珀尔 & 约翰”那样，即便是联名也要以个人的名字命名，完全由此人承担责任。

养老：法律是那样规定的吗？

隈：是的。建筑士法如此规定。日本则相反，个人名字的事务所反倒被认为奇怪。“美国设计”给人的感觉是大公司，让人放心，这种意识在不断增强，九成以上都是这样。

养老：隈先生的公司是“隈研吾建筑都市设计事务所”，公司冠以自己的名字就具有负起责任的意识吗？

隈：不管怎样，是在不知名时起的名称，当时并没有过分考虑要负什么责任，但因为是自己进行设计，所以要加上自己的名字，我认为这很自然吧。

养老：不仅是建筑师，就是著书也是如此。最近在某个奖项评选会上有人说：“此人是大学老师啊。”那意思就是说，此人是有工资的呀。领着工资写书的人与靠写书吃饭的人还是不一样啊。

隈：完全不同。

养老：大体上现在靠写书几乎维持不了生计。如果不是相当了不起的人。

隈：我认为，除了养老先生以外都不行（笑）。

养老：因此，“想方设法”是工薪阶层最不擅长的事情吧。因为要想方设法干什么则需要工作场地啊。

隈：工薪阶层的别名是无工作场地的人。以此种人的心理状态去设计赈灾重建计划是很危险的事情。

鼓励参勤交代

养老：即便是那个意思，现代的参勤交代也是很重要的啊。通常工薪阶层所处的地方不都是城市吗？身居城市就是处于秩序与整理之中，所以有必要来创造离开那里的时间。因此，工薪阶层都可享受长期休假，但不敢保证以后会发生什么（笑）。首先，把休假期间当做个人活动时间。既可以搞点非营利活动，也可以做志愿者，还可以去乡间写点小说。

隈：是啊，赈灾重建所需要的不是大型土木工程事业，而是工薪阶层的长期休假。在东日本大地震中，许多日本人感到痛心，但实际上不知所措。所以，我们不要高高在上像评论家那样讨论重建问题，而是先长期休假，离开城市住到现场去。

养老：真的希望长期休假能作为制度定下来。不管怎么说，必须以某种形式把长期休假的时间日常化。有家庭的人也许不那么简单，但是，一年中应该有几个月时间享受一下别样生活。否则，人是不会发生变化的啊。不改变人，不改变思想，社会是不会发生变化的。因为意识不到那些事情，所以在海啸那样的自然灾害中被彻底摧毁，好容易出现了不得不变的悲剧性的状况。听说日本的大企业社会的力量也在下降，雇用环境发生了改变，所以出现了变化的萌芽。可是，即便是等来变化也为时已晚。什么大企业不大企业的，总之，这不是他们应该做的吗？因此，“参勤交代”说到底，如果是企业头目的话，他们会有别墅，而且正在那样做吧。至于政治家，不是在选区与东京之间来回奔波吗？这也是“参勤交代”啊。

隈：是的。我认为特别是政治家的选区和国会不是基于生物的必然需求吗？

拿过去的人来说，吉田茂在大矶建有别墅，在那里进行过重要会谈。中曾根康弘在东京的日出町也有日出山庄。改变地点在人与人之间的交流中不也是非常重要的吗？

养老：关于在这次对谈中频繁提到的“体系”这一概念，我一直认为日本社会体系不好。可是认真思考一下，制定体系的是人吧。

隈：的确如此。

养老：所谓体系，它的外侧并没有像机器那样笨重的东西。所以，只能改变制定它的人。为此，一年中哪怕是几分之一的时间也要做些完全不同的事情。这如同城市劳动者一样做着同样的工作，所以头脑顽固，思想僵化。

隈：您的意思是说人的适应力是可怕的。我自己是搞建筑的，也是那么想。因此，即便是认为自己设计的建筑物“失败了”，不久就会逐渐地看着好起来(笑)。人在恶劣的环境中待久了，就容易变成适应那种环境的可怕生物。

养老：习惯了一个观点，就找不到其他解决问题的办法了啊。所以要“参勤交代”啊。我等之人即使不大声疾呼要制度化，但在这个世界上不同的文化背景下，具有几处生活据点也是理所当然的。像德国、法国、英国，还有俄罗斯。俄罗斯的郊外别墅就是老百姓的房子吧。

隈：日本江户时代的贵族们都有上公馆、中公馆和下公馆三处公馆，在江户城里的三处公馆之间转来转去。

养老：被拴在土地上的是老百姓。可是，这些老百姓去参拜伊势神宫吧。参拜出羽三山啦、伊势神宫，在当时有很多人参加。所以大家都希望易地而居啊。

隈：在世界上，日本人异常地集中在一个地方。没有人如此常年不休、待在同一地点的。现在我还在说要多休息，在公司里都把我当怪人对待。

养老：从希望易地而居的步伐来说，女性是非常灵活的呀。拿工薪阶层来说，我感觉男人特别不行。

隈：那是因为女性如同分娩一样，有比工作更为重要的事情。有时自己处于无可奈何的状态，不得不离开某个地方。正因为这样，女性才认认真真的。男人则离不开工作，只会郁闷。这是很大的差别啊。

养老：隈先生如此海外、国内隔日跑动，忙于工作……

隈：我做的这些并不是工作，旅行才是工作。更准确地说，通过旅行来打破日本的常识才是我的工作。

养老：啊，我也与此近似。我通过采集昆虫发现了日本的常识是多么可笑。

隈：我们各自已经开始了“参勤交代”了呀。只是我已经几乎近似“逃跑”了（笑）。

养老：下个结论吧。我们经历了世界经济的不景气，也经历了东日本大地震，究竟怎么居住才好呢？有人提出了这个问题，隈先生是如何想的呢？

日本人应该如何居住？

隈：我认为不管在哪里，怎样都能住（笑）。

养老：是吗？

隈：我想没有必要在日本居住。

养老：这么说我的条件只有一个，就是“想住在一年到头都能捕捉到昆虫的地方”吧。只要能满足这个条件，什么地方都行。哥斯达黎加、老挝，还有马来半岛的金马伦高地，很理想啊。

隈：日本围绕参加 TPP（跨太平洋伙伴关系协议）正展开热

烈讨论，但国土管理是最重要的。日本的土地完全没有必要向别的国家开放。领土管理要严格执行，不适应日本的人可以到别处去。在管理好日本这块土地的同时，也可以不断地到别的地方去。

养老：我认为日本人能很好地适应下去。

隈：全世界到处都有对日本人的需求，也需要日本人的制造技术。一丝不苟、遵守时间、不说谎话等这些日本人的特征，岂止是战后60年，这是我们花了200年以上的时间培养出来的。在日本自不必说，走到世界上也是极大的优势。不管在亚洲还是在欧洲，以此为本，树旗创业谁都可能成功。

养老：的确如此，在任何地方都可以住。但是，以前日本人真的为居住发愁啊。

隈：每个人的情况各不相同，有人因震灾的确一筹莫展，所以不能一概而论。但是，在日本这一大范围的前提下，养老先生说的一点儿不错。

养老：所以我认为要先解决为难之事。在人的一生中有一次或两次为住而困没什么。自己想办法解决即可。因为日本人即使战败也是这么生存下来了。

隈：在当今的日本，经常提到城市与地方的差距，日本难得增加了这么多人口，减少了地区，居住地方过剩，所以没有办法让那些地方得到有效利用啊。

养老：你去过吐噶喇列岛吗?

隈：那是 2009 年因为出现日全食而成为话题的群岛吧。

养老：在电视上看到了，真令人吃惊啊。说是有诸多不便的孤岛，但居民家中有个很大的冰箱，里面装满食物。冰箱要耗电的吧。不过，在日本的孤岛上也能这样做。因为在日本的任何地方，城市基础设施都很完善。

隈 ：所以现在是机会啊。听说震灾后为了逃离核电站事故造成的核污染，很多 20 岁、30 岁的家庭移居到冲绳。我的朋友也移居到熊本了。我认为今后将是自己选择住处、自我表现的时代。

养老：隈先生你认为居住在海边如何？

隈：海边有海边的好处，也会有海啸。我的生活宗旨是听天由命，所以不在乎死在哪里。柯布西耶住在法国南部海边 10 平方米左右的小房子里，最后溺死在海里，我想模仿他。

养老：在不与命运抗争这一点上我也同样。但我怎么也不喜欢大海的波涛声，也不喜欢水。让我感到最平静的是峡谷。我喜欢峡谷半山腰上的房子。

隈：您不感到寂寞吗？

养老：那样挺好。在破旧的小屋子里平静地生活也不坏呀。

隈：比起选择住处来，我想与自己人生中有缘分的人生活在一起。人只要活着一定会遇到有缘分的人。这不仅限于日本人，中国人、泰国人都可以。这意味着现在日本人能够“逃跑”的地方增加了，应该感到幸运。

养老：所以，根本是为何非要“逃跑”呢？只要日本人那种固定一处的居住观念不变，就无法居住得愉快，赈灾重建也没有把握。那么，如果被人问及如何找到居住愉快的办法呢？我用一句话回答：“参勤交代。”

后记 | 隈研吾

养老先生与我是耶稣基督教会天主教修道会经营的荣光学园初中和高中时的学长与学弟的关系。我将大学长与自己相提并论真是冒昧至极，实在抱歉。在我们的思想形成过程中，这个耶稣基督教会所起到的作用是巨大的。

耶稣基督教会成立于 1534 年。当时的欧洲掀起了马丁 · 路德、卡尔文宗教改革风暴。耶稣基督教会是西班牙的伊纳爵 · 罗耀拉和日本人非常熟识的弗朗西斯科 · 维尔，以反宗教革命为纲领所设立的反宗教革命之雄。

耶稣基督教会的理念以一言蔽之，就是唯有现场主义。反之说，他们所批判、所敌对的马丁 · 路德的宗教革命是纸上谈兵。彻底读懂《圣经》进行自我反省，方能进入天堂，这是宗教革命的纲领。作为对用金钱获得免罪符的腐败的天主教会的批判，马丁·路德他们把近代的个人主义导入宗教中，主张完全的反省主义，每个人通过自己的反省来到达上帝那里。

对此，耶稣基督教会以现场主义进行斗争。伊纳爵·罗耀拉认为个人主义、反省主义将人贬低为只说不做的观念主义者。伊纳爵·罗耀拉原来是个军人，而且年轻时以花花公子著称。不管是军人还是花花公子，都远离观念主义和个人主义。观念主义和个人主义在战争中绝对不会获胜，也不能驾驭女人。只有现场主义者战之能胜，能驾驭女人。而且现场主义如果遵循本论的说法，便能掌握"想方设法"的思想。

现场主义者首先重视肉体。因为如果没有强健的身体，是绝对无法在现场这严酷的地方生存下去，而且我们的荣光学园也是彻底的肉体主义。每天在第 2 节和第 3 节课中间，赤裸着上半身，即便是寒冬腊月也在校园内跑步。我们不断被西班牙人修道士训斥："你们运动量不足，所以净胡思乱想。"

养老先生的根本思想也是肉体主义。不重视身体的话，头脑就会变得肥大，无法思考复杂的事情，这就是养老哲学的中心思想。养老先生主张：处在城市舒适的环境中，肉体会变得懒散，陷入只是头脑灵活的不自然状态之中，不能正确思考问题。所以要舍弃城市，致力于参勤交代。

现场主义的耶稣基督教会不拘泥于欧洲，他们敲打着修道士们的屁股，让他们"到外面去"。他们认为，在欧洲封闭的小小的世界中，宗教革命与反宗教革命观念上的继续争论是浪费时间。耶稣基督教会认为，假如在这种事情上浪费精力，还不如到欧洲以外的亚洲去，为具体的传教活动出点汗好。所以弗朗西斯科·维尔特意来到遥远的日本，投身于日本这个"外部"国家。对语言不同，又不懂道理的日本人，弗朗西斯科·维尔没有任何恐惧，他不畏缩，把自己展示给大家，竭尽全力进行认真对话。因此，接触到他的日本人都成为维尔的狂热崇拜者。维尔的现场主义，日本人也能真正理解了。

我所认识的耶稣基督教会的修道士们也都与维尔一样是现场主义者。他们好像是一个月前突然接到命令要去日本。只有一个月的准备时间，并且没有选择的余地。尽管如此，他们欣然受命，高高兴兴地接受了日本。根据情况，也许会在日本呆上一辈子。个人的一生算什么，他们做好了充分的思想准备。

在这些积极的现场主义者的影响下，我们度过了青春时代。所以，我们也许与他们同样，想冲到“外面”去。不想待在日本，介意别人会说什么，把建筑设计继续做下去。建筑如何以与环境的共生为目标，如何以“负建筑”为目标，归根结底，无异于向哪里投放异物。这就是建筑设计行为的宿命。有关异物可以任意加以批判。日本人原本就不喜欢异物。假如那样，就会想毅然决然地冲到“外面”，与“外面的人们对话”、斗争。如此想来，突然觉得眼前豁然开朗。所以，感觉从迄今浑然不知的地方传来声音，身体迸发出干劲儿。做好准备开始投身于在不丹、缅甸的工作，应对现场。这与耶稣基督教会修道士应对的外部相比，不管哪里都舒适得多。

遇到重大灾害时，人类的对应可分为两个极端。一个是乌托邦主义，另一个是现场主义。对这种倒霉事我们已经忍受够了。建造能抵御任何灾害的理想城市和建筑是乌托邦主义者的基本姿态。

另一个反应是现场主义，是“想方设法”。亲眼目睹灾害那强大的力量，我们认识到这是人类弱小的力量无法与之较量的对手。但是，虽说是认识到与之无法抗衡，但并非是无所事事引颈待死。这就是重要之处。现场主义就是充分认识并且竭尽全力探寻自己所能做的事情。

追溯过去的重大灾害历史，我们看到乌托邦主义与现场主义相互交织在一起，历史以重大灾害为开端而发生变革和转变。在天下太平的和平时期，人们似乎不做、不考虑什么事。发生重大灾害时，人们才去做才去考虑新的事情。在此种意义上，人类史就是灾害史。

谈个以前的例子。以 1755 年的里斯本大地震作为开端，历史发生了很大变化。

造成五六万人死亡的大惨事，使欧洲陷入恐怖之中。人口 7 亿人时代的五六万人与人口 70 亿人时代的东日本大地震死亡及下落不明的两万人相比，请想象一下是何等大的数字啊。以一言蔽之："是上帝抛弃人类了吗？"这成为人们恐怖的核心。如果被上帝抛弃，自己的生命必须自己来保护。也有人如此给历史下定义：近代这一时代从恐怖中开始了。不管近代科学、产业革命、启蒙主义，还是自由、平等、博爱的革命思想，这一切都是在里斯本大地震以后同时开始的。

其中建筑设计和城市设计也有了巨大变化。被称为梦幻者的一群法国建筑师开始描绘新建筑和城市蓝图。他们的建筑造型特征是完全使用纯粹几何学。他们特别偏爱立方体和球形等纯粹性高的形态。据说 20 世纪现代主义的原点之一，就是梦幻者他们的设计。他们之前的建筑设计的基本是古典主义建筑。欧洲的建筑师们不断对让人怀恋的以古希腊、罗马以来的列柱和三角屋顶为基本的建筑设计做出微小的修改和创新。

幻想派们放弃了这种方法。如同当时兴起的近代科学以纯粹几何学为基础一样，幻想派们也依赖于新几何学，想要创造出新的形状。

他们的另一个特征是乌托邦主义。拥挤、古老、肮脏的城市里斯本不是此次悲惨灾害的原因吗？这样的气氛在控制着大家。幻想派们建议离开古老的城市，在大自然当中建设乌托邦城市。当然，乌托邦的实现并非容易，但是，例外实现的城市设计规划，现在还遗留在法国东北部。这就是幻想派建筑师克洛德·尼古拉·勒杜设计的皇家盐场。以盐场为中心，按照纯粹几何学，在美丽整齐的同心圆形里配置附属设施、工人住宅，这的确是“新的城市 = 乌托邦”。

仔仔细细考虑一下，这所建筑难以称之为真正的乌托邦。不管怎么说，因为是皇家盐场。所以，建筑订货商是旧体系下的法国皇家，为给皇家勤奋工作的人建造的工厂和宿舍并非是值得自豪的“新城市”的代替物。眺望每幢建筑物，柱子的细微部分只有很少的创新，但大致的框架还是古典主义建筑的东西。

话虽这么说，但这不是坏话。不如说是最好的赞美之词。我是想说设计者克洛德·尼古拉·勒杜是“想方设法”的专家。他对国王也好，对工程业者也好，对古板的工匠也好，正因为得心应手地运用了“想方设法”之技，所以建成了这划时代的建筑。摆脱了他的大脑，才能在此大地上展现身姿，进而给予后世巨大影响。

如果立足于此观点，那么乌托邦主义对现场主义的对立也会以另一种姿态出现。立志做建筑师和城市规划师者，多少都会作为乌托邦主义者而起步。正因为他们对现世环境抱有很大不满，所以对此职业抱有憧憬。也许原本如果不是幻想症者，是不会想成为建筑师的。

但是，其幻想一旦实现，只要不运用“想方设法”，就不会实现任何梦想。如此这般，幻想得到锻炼，成为“计划”。或者幻想派经过锻炼成为建筑师。只有在现场经过不断摔打、锤炼，仍不失设计热情者才能成为建筑师。

话题还是回到灾害上来吧。现在巴黎的美好城市规划，重大灾害也是其原因之一。巴黎城市规划的基本是被称作林荫大道的大马路，其尽头的纪念碑（比如歌剧院和协和广场上的方尖碑），还有严格限制沿大道建造建筑物的建筑规则

（限制高度和尺寸）。这项城市规划是拿破仑的侄子拿破仑三世在执政时（1852—1870年）实施的。令人吃惊的是，在拿破仑三世大规模改造巴黎以前，巴黎是一个马路狭窄犹如迷宫般的中世纪构造的城市。在仅仅18年的时间里，拿破仑三世进行了大规模改造，把一个杂乱无章、承受不住灾害的中世纪城市改造成为轴线纵横交错、剧场般的巴洛克式大都市。

其起因是由于两次重大灾害。一次是刚才说过的1755年的里斯本大地震。另一次是上溯百年，即1666年的伦敦大火。很早以前的伦敦大火为何与巴黎大规模改造有关系呢？其实拿破仑三世在拿破仑下台后的1846年到1848年之间，被作为危险分子关进监狱，越狱后流亡到伦敦。当时的伦敦现在虽无法想象，但是是一个远比巴黎具有近代气息的城市。这是因为伦敦大火之后，以克里斯托弗·列恩为中心的建筑师们把木结构建筑的伦敦大规模改造成为砖瓦结构的伦敦了。他积极推进城市不燃化、拓宽狭窄道路、在街道尽头处安放纪念碑。在如此改造后的伦敦生活的拿破仑三世，将伦敦与巴黎相比，巴黎的肮脏好像让他非常厌恶。他回到巴黎掌握政权后，便将有行政管理能力的乔治·欧仁·奥斯曼任命为塞纳省省长，实现了历史上绝无仅有的城市大改造。

为什么巴黎大改造能够成功呢？我注意到有两个主要原因。一个是拿破仑三世包括伦敦在内，在英国各地辗转，而在巴黎生活的时间很短。他如果长期在巴黎生活的话，巴黎那迷宫般的狭窄马路也好，中世纪城市构造也好，定会使他产生眷恋之情，割舍不得。他一直在用“想方设法”来解决问题吧。

在以后的20世纪，同样对巴黎没有眷恋之情、出生在瑞士深山里的建筑师勒·柯布西耶（1922年）也发表了离谱的规划，要把巴黎中心拆掉改成建筑用地，在那里建造超高层大楼，建设300万人口的城市。

这个勒·柯布西耶的规划方案赫赫有名，也经常出现在教科书中。我直到某个时期都没有发觉此计划的用地是巴黎的中心地区。编写教科书的作者大概也是害怕代表20世纪的建筑师描绘了过于疯狂的蓝图，会发生有损全体设计师信用的问题吧。他们沉默不语，既不强调也不批判此规划离谱的前提。因此我也一直没有发现，但在某时当我知道后愕然吃惊。对地点没有眷恋之情是非常可怕的事情。

言归正传，巴黎大改造的第二个诀窍，是彻底将现场主义者奥斯曼搁置一边，让他自己只谈梦想。乌托邦主义者与现场主义者如果携起手来，梦想就会很快实现。当然这个梦想的对错另当别论。但是，是说遗憾呢？还是对我们来说，应该是幸运呢？勒·柯布西耶不是奥斯曼，或者很久以前勒·柯布西耶不是拿破仑的亲戚。美丽的巴黎庆幸得以保护下来。

说到20世纪的大惨事，无论怎么说是两次世界大战。

这个世纪是地壳运动平稳、自然灾害比较少的世纪。自然灾害少、规模小会使人类失去敬畏自然的感情，使人变得傲慢，使现场主义衰退。感觉是其创造了 20 世纪的思想和时代的气息。

战争的世纪使乌托邦主义增长取代了现场主义。在 20 世纪，不是几乎产生不了乌托邦吗？这种质问似乎是铺天盖地而来，但实际上从未有像20世纪那样大量产生乌托邦的了。所谓 20 世纪大量产生的乌托邦，就是郊外住宅。在绿色草坪上建造白色的理想箱子，逃离肮脏危险的现实城市，实现梦幻般的人生是终极的快速乌托邦。

如果有人认为郊外住宅是自古就有的住房形式，那就大错特错了。说到住房形式，是“想方设法”居住在从父母那里继承下来的破房子里呢，还是 “想方设法”付房租居住在人们建造的城市出租住房那种箱子里呢？要做一选择。政府也不择手段将住宅贷款称之为“房产政策”，力推郊外住宅建设，以致“郊外住宅是人类的标准住宅形式”这种误解蔓延。

但是，我们不能忘记这种“个人乌托邦”只是在受限制的时代和受限制的地方可行。只有在城市四周荒野广垠无限的美国、在石油廉价的美国、在毫不关心石油给地球环境带来多大恶劣影响的 20 世纪美国的这一特殊条件下，这种乌托邦、这种幻想才有可能实现。

20 世纪各种事物民主化、大众化了，甚至乌托邦主义也通过郊外住宅大众化了。在那以前，乌托邦主义是绝对有权者和建筑师那种公认的狂热的人们的垄断物。在 20 世纪，潘多拉魔盒被打开了。在很小的土地上，使用很少的资金——但是这对其本人来说是一辈子的很多资金——乌托邦一个个得以建成。雷曼面向低收入者住宅贷款的次贷危机不是偶然的。如果向外行的乌托邦主义不停融资的话，必定会破产。

而且，现在我们经历了非常严重的自然灾害。面对除了

"想方设法"手段以外，无法抗拒的大自然的力量，所有梦想、所有乌托邦主义都会黯然失色。雷曼事件危机是乌托邦主义大众化破产后的双重打击。因此，别了，乌托邦主义，这就是养老先生和我两个人在耶稣会士后裔举办的对谈中的主音。

但是，有一条不能忘记，现场主义的大前提是，梦想是存在的。正因为有大的梦想，所以就要应对现场这一复杂和麻烦的状况，被赋予与其融合的勇气和活力。灾害之后，要开始新的人生，开拓新的时代。正因为有这种梦想，所以要像伊纳爵·罗耀拉和弗朗西斯科·维尔那样，要"想方设法"，从身体深处产生出顽强生存下去的毅力。